BID SGN 艺术设计
ARTDESIGN

高等院校艺术学门类『十三五』规划教材

主编　余子砚

服装画技法教程

FUZHUANGHUA JIFA JIAOCHENG

华中科技大学出版社
http://www.hustp.com
中国·武汉

内 容 简 介

本书作为设计类绘画技法的基础性教程,以服装设计学科的时代性发展方向为前提,从学科的独特需求出发,以观察分析绘画对象的本质与规律为主旨,逐步而切实地培养学生的服装效果图人物造型塑造能力与动态表现能力。本书以水彩画技法为主要绘制形式,进行上色技法的步骤性演示,简洁明快地表现服装效果图的常用款式与面料特征,为以时尚插画为进阶的课程方向导入提供较为详尽的实训性技法铺垫。本书的主要内容为准备阶段、服装人体的绘制方法、服饰材质及着装表现、服装效果图着色技法和系列化效果图的画面排列形式与表现,并结合重难点,配以大量步骤解析性图片。在教学大纲的基础上,针对课程学习中出现的普遍性问题,较为详尽地列举并提出了服装与人体的空间关系、服装人体动态分析法、效果图与款式图模板绘制法、多人体动态组合模板排列法,并针对不同层面学习者的实际需要,提供了较为切实、具备一定教学反馈依据的强化训练方案。本书的知识讲授节点安排由浅入深,环环相扣,范例列举较为全面,既适用于零基础的初学者,也适用于高年级学段及研究生的创作与参赛辅助,还适用于插画爱好者及水彩画人物的自学者,适用人群较为广泛。

图书在版编目(CIP)数据

服装画技法教程 / 余子砚主编. — 武汉 : 华中科技大学出版社,2018.2(2024.10重印)

高等院校艺术学门类"十三五"规划教材

ISBN 978-7-5680-3552-1

Ⅰ.①服… Ⅱ.①余… Ⅲ.①服装设计 – 绘画技法 – 高等学校 – 教材 Ⅳ.①TS941.28

中国版本图书馆 CIP 数据核字(2018)第 034377 号

服装画技法教程 　　　　　　　　　　　　　　　　　　　　　　　　余子砚　主编
Fuzhuanghua Jifa Jiaocheng

策划编辑:彭中军
责任编辑:段雅婷
封面设计:孢　子
责任监印:朱　玢
出版发行:华中科技大学出版社(中国·武汉)　　　电话:(027)81321913
　　　　　武汉市东湖新技术开发区华工科技园　　　邮编:430223
录　　排:武汉正风天下文化发展有限公司
印　　刷:广东虎彩云印刷有限公司
开　　本:880 mm×1 230 mm　1/16
印　　张:8
字　　数:250 千字
版　　次:2024 年10月第 1 版第 3 次印刷
定　　价:49.00 元

FASHION ILLUSTRATION

　　本教程分为五个主要构成部分，从准备阶段的材料与工具选取入手，依次探讨服装人体的比例特征、结构要义以及动态分析法与表现方式，服饰表现与人体着装绘制表现是本教程中级阶段的主要内容，服饰上色技法以及多人体系列化效果图的布局与表现步骤是本教程的高阶内容。本教程由浅入深，各知识节点环环相扣，详尽地对服装效果图展开造型与技法的讲解。主要章节均附有阶段性基本内容简介、重难点、学习目标、关键模板工具及准备工具清单，便于读者自学与借鉴。

　　作为技法类教程，本书采用了较为翔实的实例步骤图片罗列与步骤性文字说明，从草图构思直至最终完成的每一阶段均予以直观呈现，让读者能够全方位地了解服装效果图的绘制流程。教程绘画表现形式采用服装速写、快捷设计、灰阶表现、水彩技法及综合材料运用等形式。

　　在讲授方式上，强调对绘制对象结构原理与运动规律的解析，从观察绘画主体物的方式、方法层面提供系统化、概念化的讲授与引导是本教程的特色之一，人物动态与材质的肌理均具有一定的内在表现规律，探索并发现规律的表现方法与途径，在范例中不断印证该方法的合理性，带着疑问进行研习，是本教程倡导的一种学习方式。通过这一方式，学生能够主动地进行关联性思考，从而获得启发，在掌握基本技法的同时，提升自己的审美水平与塑造表现力，进而培养与树立自我风格的个性化表达，是本教程的最终目的。本教程的编写在参考湖北美术学院服装设计系"服装画技法"教学大纲的基础之上，将大纲中的基本要求与拔高要求融入各个部分，在知识体系的基本框架上确保了讲授层面的完整性。

　　本教程列举了较多的动态造型与面料材质，几乎可以应对各类服饰设计方案的表现需求。本教程还针对服装平面款式图与系列化效果图进行了较为详尽的讲授，可应用于高年级学段的主题化设计、毕业设计与参赛投稿，适用课程较广。

　　本教程的内容既适用于零基础的初学者，也适用于高年级学段及研究生的创作与参赛辅助，还适用于插画爱好者及水彩画人物的自学者，适用人群较为广泛。

余子砚

2017 年 11 月

目录

FUZHUANGHUA JIFA JIAOCHENG

第一部分

准备阶段

ZHUNBEI JIEDUAN

服装效果图如图 1-1 所示。

图 1-1　服装效果图

本部分讲解服装画所需工具与材料的特性和运用领域、部分材料的购买选取与辅助资料的定义、内容及作用，便于初学者在学习本教程之前做好准备。

了解各种工具、材料的定义与运用领域。

1.1
笔类工具

服装画常用笔类工具为铅笔、炭笔、勾线笔、马克笔与水彩画笔。

1.1.1 铅笔、炭笔

铅笔用于服装效果图与平面款式图的起稿阶段，常用型号为 2H、2B、4B、12B、14B，与炭笔一起，用于速写类服装效果图或服装画，常用于加深画面细节的浓度。

绘制服装效果图草图阶段最好使用绘图铅笔。自动铅笔线条颜色偏淡，笔芯较细，容易在绘制线条的过程中断芯，使线条缺乏变化。自动铅笔仅用于平面款式图的绘制。

1.1.2 勾线笔

勾线笔用于服装效果图与款式图的细节勾勒。本教程运用 005 号勾线笔绘制人物面部细节，用 005、01 号棕色勾线笔绘制人物的轮廓。

1.1.3 马克笔

马克笔用于服装效果图与设计草图，水彩排笔可模仿出马克笔的笔触效果。

1.1.4 水彩画笔

水彩画笔种类较多，常用的有人造毛画笔、貂毛画笔、松鼠毛画笔与牛耳毛画笔。人造毛画笔笔锋储水量较少，笔锋较富有弹性，价格低廉。貂毛画笔以西伯利亚貂毛为主要毛料，是表现力较为全面的水彩画笔，但价格较为昂贵。松鼠毛画笔笔锋较软，适用于大面积铺色与湿画法。牛耳毛画笔笔锋接近貂毛画笔，弹性与聚拢性较好且价格适中，是适宜初学者入门阶段选用的画笔。本教程主要使用华虹 600 貂毛画笔 6 号与 8 号，6 号较小，用于刻画人物与服饰的细节，8 号用于大面积铺色。

1.2
水彩颜料与媒介剂

1.2.1 水彩颜料

本教程上色阶段的主要表现工具为水彩颜料。

1. 水彩颜料的成分、种类

水彩颜料主要由阿拉伯树胶、色料和填充物组成。阿拉伯树胶用于色料的黏合与附着。色料决定了色彩的呈现程度，研磨得越细，天然成分越多，色彩越稳定、越鲜艳，扩展性越好，价格也相应较高。好的水彩颜料有的几乎不含填充物。填充物过多，颜色多次重叠时画面会发灰。常见的市售水彩颜料分为固体水彩颜料与管装水彩颜料。固体水彩颜料体积较小，便于携带，适用于室外风景写生，服装效果图以管装水彩颜料为主。本教程使用荷尔拜因管装水彩颜料，其色彩较为细腻与艳丽。

2. 水彩颜料的主要用色（选购方案建议）

浅镉黄（柠檬黄）、浅镉红（朱红）、生赭、茜红、天蓝、群青、虎克绿、草绿、培恩灰、熟褐、赭石、紫红、靛蓝、普兰、乌贼墨、象牙黑。【注：括号中标注的颜色为替代色】

水彩颜料应按需少量挤出，以免氧化发霉。

1.2.2 媒介剂

媒介剂主要分为阿拉伯树胶、牛胆汁、沉淀剂和留白胶。

在调色区域或画面加入少量阿拉伯树胶，可使画面效果更为亮丽通透，阿拉伯树胶层叠性更好，但加入过多，则会使画面发脆裂开。

牛胆汁用于服装画与服装效果图大面积背景渲染，可展现出柔和的渐变效果，是一种缓干剂。

将少量沉淀剂加入湿润的作画区域，可体现出独特的颗粒状画面效果，常用于画面肌理的制作。

留白胶用于画面的预先留白。使用留白胶时应注意需在画面完全干燥之后再进行上色，否则颜料渗入纸中，去除时会破坏纸面。

1.3
画纸

1.3.1 草图阶段用纸

草图阶段用纸主要为 A4、A3 的绘图纸和拷贝纸。

拷贝纸是一种半透明的绘图用纸。拷贝纸作为将重要的草稿转移到正稿纸面的工具，不论是对服装效果图而言，还是对时尚插画而言，都是必备的辅助类绘图纸张。因为水彩纸做服装效果图正稿用时，纸面易在反复涂擦的情况下擦毛、擦坏，故而从草稿过渡到正稿时需要以拷贝纸作为转移媒介。

拷贝纸的运用方式如下。将拷贝纸覆于已经绘制好的草图之上，四角用纸胶带固定，保持底部纸张与表面纸张的平整度，用尽可能细的铅笔仔细将草图描摹下来，描摹的过程中要注意由上至下、由左至右的原则，以防线条描摹的缺失。该步骤完成后，将拷贝纸从草稿纸上取下，将拷贝纸的反面能够看得到正面线条的地方，均匀地打上铅笔的排线（此时用较软的铅笔进行较密的排线，并保证画纸能附上足够量的碳粉）。准备好正稿用纸，将拷贝纸有线条的一面朝上，有排线的一面朝下，放置于正稿纸之上，四角用纸胶带固定，用尽可能细的笔，稍加力道，沿着之前描摹的线条再画一遍。临摹完成后去除拷贝纸，还需要依据草稿再用铅笔调整和修改拷贝出来的正稿线条，转印完成。

1.3.2　水彩纸

水彩纸分为木浆水彩纸和棉浆水彩纸。木浆水彩纸较为常用。其纸纤维较短，纸面吸水性较差，有利于表现明确的笔触效果，常用于设计草图、服装效果图和服装画的表现。棉浆水彩纸纤维较长，画纸吸水性较好，纸张表面肌理丰富，能够表现出柔和、富于细节变化的色彩效果，多用于湿画法的表现和画面的深度刻画，适用于系列化服装效果图、服装画和时尚插画。

本教程服装画范例用纸为莫朗 300 g 中粗棉浆水彩纸，服装效果图范例用纸为获多福、博更福与法布亚诺 300 g 中粗木浆水彩纸。水彩纸不宜一次购买过多，应尽量隔绝空气，避免阳光直射，以防纸面脱胶。

1.4
辅助工具

服装效果图的辅助工具，包含直尺、橡皮、美工刀、画板、笔洗、毛巾与调色盘。

直尺用于服装人体比例格的绘制。橡皮分为绘画用橡皮与水彩用软性橡皮。水彩画纸应使用水彩用软性橡皮（注：不要与素描用油性橡皮泥混淆），以防擦伤纸面。作画时应使用画板并保证画面与面部平行，以避免作画过程中因绘制角度透视产生的变形。调色盘以 36 格折叠塑料调色盘为主，应始终保持调色盘与颜料的干净、整洁。

1.5
辅助资料

服装画的描绘对象是着装者以及着装的风貌，养成收集服装画资料的习惯，有助于多种服饰风格的体现，对于提升审美层次也起到了一定的帮助作用。

1.5.1 辅助资料的种类

辅助资料按其获得途径主要分为专业期刊类、服装杂志类、T台秀场类与自媒体街拍类四个种类。

专业期刊类，主要为流行趋势机构推出的服装流行趋势与预测分析。分析类包含整理出的主流廓形与款式、色彩与材质预测，以实物图片的形式呈现。预测类包含由服装效果图与款式图组成的报告，以图文结合的形式呈现。此类资料的主要关注点为主流服装效果图的比例特征、线条与造型特征、风格与表现形式。

服装杂志类，主要由商业广告、服饰与美容的相关市场流行资讯及服饰搭配几个部分组成。其中，服饰大片摄影作品通过对光影气氛与主流趋势的呈现，展现出流行的衣生活文化，带有强烈的商业推广目的。此类资料为服装画动态表现及人物面部造型提供了良好的素材。

T台秀场类，以时装周发布会为主要内容。此类资料既有流行期刊，也有互联网资讯。T台秀场按高级定制、高级成衣及度假系列在每年的不同季节发布。掌握一手的T台秀场资讯，有助于了解流行的趋势动向，明确主流趋势中上升阶段的流行特征，为服装平面款式图及系列化效果图的表现提供丰富的实用借鉴素材。

当下流行时尚的多元化、流行传播途径的多样化及流行创造与参与面的泛化和扁平化，使自媒体成为创造流行符号的新势力。对于自媒体街拍类资料，要重点关注服饰搭配形式、色彩的选用及配饰物的组合。街拍服饰具有实用性强、可穿性强的特点，表现的主要内容是年轻化服饰的穿着对象，展现的是实用装的流行。

1.5.2 辅助资料的作用与意义

以上四大类辅助资料的收集，从内容上涵盖了穿着对象的妆容特征、服饰流行的主流特征、服饰设计细节的表现、服装款式的流行演变及未来可能出现的处于萌发阶段的流行等非常庞杂的资讯。此类资讯组成了一个整体，即一个时间段内服饰流行的各层次面貌。辅助资料的收集不仅可以为我们提供主流服装效果图、款式图的发展走向及人物的动态参考，也可以为以后将展开的成衣设计与系列化创意设计提供可借鉴的素材。因此，对此类资料的收集要保持长期性，并将其培养为设计构思的前期准备习惯，贯彻至学科学习的整个阶段。

1.5.3 辅助资料的呈现形式

相关资料的图片最好采用纸质版的形式呈现，有利于查阅与参考。

拼贴草图本：对于杂志期刊类资料，过多的广告容易干扰查阅的过程，将感兴趣的款式、动态与服饰配件剪下，拼贴在草图本上是一种较为可行的方法。发布会秀场及流行预测与街拍的电子图片，则要按照主要内容、款式、特点、色彩进行拼图处理，将这些图片在 Photoshop 中用拼图的方式归类，并彩打成 A3 大小的图片资料，每张图片包含 9~12 个小图，方便绘图及构思的参考。

附：服装效果图课前准备工具清单

A3 与 A4 绘图纸、8 开与 4 开木浆水彩纸（300 克中粗纹理）、拷贝纸若干。

2H、2B、4B、12B、14B 铅笔及炭笔，005、01、02、04 型号黑色及棕色勾线笔（防水型）。

6 号、8 号、10 号水彩画笔（貂毛或牛耳毛均可）。

30 cm 直尺、绘画用橡皮、水彩用软性橡皮、笔洗、毛巾（纸巾亦可）、4 开画板、纸胶带、留白胶。

第二部分
服装人体
FUZHUANG RENTI

图 2-1　服装人体

服装人体如图 2-1 所示。

基本内容及重难点

本部分由服装人体的定义、静态表现、细节表现和动态分析与表现四节组成。服装效果图的绘制对象为着装者与服饰风貌，服装人体作为服饰物的基本载体，其形态与动态对于服饰的表现作用重大。本部分以第一节服装人体的装饰性特征为导入，在明确其概念化与美化原则的基础之上，通过第二节对静态下的人体比例进行详细的讲解，有助于了解服装人体装饰性程度的量化特征。第三节服装人体的细节表现包含了艺用人体解剖学的相关知识，有助于从结构与基本构成形态上更为直观地理解人体表面曲线及骨点的变化规律，是本部分的重点，也是构成风格化服装效果图的基础。第四节服装人体的动态分析，以方法论的形式讲述了人体动态的变化规律与分析方式。人物动态表现一直是服装效果图课程教学中的难点，究其根源是缺乏系统化动态分析的导入与强化，从而在绘制观察过程中出现了过多的经验性的直观误判。教程在本部分第四节对动态分析原理与步骤进行了详尽的讲解，以期完善或弥补同类教程中的不足。

表现形式

以黑白线稿与灰阶线面结合的方式表现，从线条到灰阶的导入有助于由易至难地为后期的上色技法进行渐进式铺垫。

学习目标

了解并熟记服装人体的形态、比例与细节，掌握动态分析的方式并提升对服装人体的塑造能力。

2.1

服装人体的定义

服装人体是因着服饰物表现的需要，对人体形态进行概念化与装饰化的"简化"表达。从绘画层面来看，虽然不同的画种均以人物为绘画描述的主体，但服装人体具有物化装饰的特征，是有别于主流绘画人体形态的。主流绘画即国画、油画、版画与雕塑类等纯艺术种类，其人体形态强调丰富的肌肉与体积的体量化表现，人体的比例合乎现实生活中的体态特征。而服装人体普遍拉长，弱化次要肌肉与皮下脂肪，强调骨感化的修长之美。需要注意的是，现实生活中服装人体的比例并不存在，是极度装饰化、理想化的人体形态。

2.1.1　服装人体的形态特征

对于服装人体形态特征的理解有助于更好地表现出服装模特的独特气质，即表现服饰的张力。这种气质并非人人都有，需要通过后期的大量形体及镜前训练培养而成。我们很容易感受到舞蹈演员与职业超模气质的不同，这种气质的具体内涵既包含面部结构、神态表情特征，也包含体态比例及动态姿势特征。

总体来看，在服装画百余年的发展进程中，强调骨骼与骨点结构、优化腰臀曲线、缩小实际头长、拉长四肢、对人体皮下脂肪进行有选择的取舍，始终是服装人体的基本形态特征。（见图2-2）

2.1.2　服装人体的动态特征

体态训练是培养服装模特的重要课程。为了更好地展示那些又细又窄的零号服装，仅具备瘦而长的外形特点是远远不够的。在服饰表演艺术的发展进程中，服装模特的动态特征不断加强，展现风格也日趋多样，抬头、挺胸、收腹是基本的动态特征，在此基础上，近年来的动态呈现出了步幅变大、躯干尤其是肩胛骨部分向后压、骨盆向前、上肢的摆动变大等趋势特点，这样的特征有助于在视觉上产生干练及增加腿部修长感的效果。服装人体动态的另一特征就是猫步，在一字步的步伐中，身体的肩线、腰线、臀线左右扭动，夸张化是其主要的动态规律。服装模特的T台前位动态定格展示是我们要关注和搜集的服饰表现动态资料的重要内容。近年来，服饰流行的更迭进程不断加快，服饰表现出的趣味性和戏剧化等多元特征也不断加强，服装人体的动态也体现出了相当多样的表现形式。（见图2-3）

图2-2　服装人体的形态特征　　　　　　　图2-3　服装人体的动态特征

2.1.3　服装人体的常见比例

缩小头部、窄化面部、强调腰臀比、加长下肢长度是服装人体的主要比例特征。头长是服装人体的基本长度单位，"头长"即去除了头顶部头发的高度，以头部顶丘为高点、下巴为低点的长度距离。头长的纵向排列数量决定了整体的身长比。头长数量越多，服装人体的长度越长，宽度相应的视觉效果越窄。头宽是服装人体的基本宽度单位。本书中人物的头宽是指服装人体面部的宽度，不包含双耳的宽度。如果在绘制的过程中，人物头宽确定不准确，过宽则体形臃肿，过窄则体形干瘪无力。现实生活及绘画作品中常以7.5个头长为基准，在服装效果图中，以9头身、10头身、12头身为最常见的比例划分。

10 头身　由 10 个头长单位组成的服装人体长度，此类比例适合于展示大体量服饰及高定礼服，是装饰性较强的人体形态。（见图 2-4）

12 头身　主要运用于夸张的服装草图与概念性表述，是极具装饰性的人体形态。绘制过程中很容易表现出过于纤细如面条般的不良效果，需具备一定的绘画造型能力与熟练度。12 头身的人物表现形式由于过于夸张，服饰主体衣身的表现面积相对较小，故不适合初学者入门阶段的理解与学习。（见图 2-5）

9 头身　理想的人体比例，是服装画中运用最多的人体比例，既具有现实中服装模特的体长标准，又带有装饰性与美化度，非常适合初级阶段学习者的入门化理解。国内外同类型教程中也多以此比例为基准。（见图 2-6）

需要明确的是，不论服装人体的整体身长如何拉长与夸张，躯干与头部的总长始终保持在 4~5 个头长范围内，拉长的主体是下肢。

图 2-4　10 头身服装效果图　　　　图 2-5　12 头身服装效果图　　　　图 2-6　9 头身服装效果图

2.1.4　服装画表现的不同流派

依据服装画的发展进程，服装人体受时段性社会主流审美的影响，产生了不同的流派，具体可分为写实、夸张与抽象三大类。

写实　以 9~10 头身为基础，通过人物及服饰细节最大程度地对现实物进行模仿，还原绘制对象。写实一直是服装画的主流趋势，对绘制者的造型能力要求很高，是其他风格流派演变派生的基础。故写实性服装人体作为入门阶段的主要表现风格，在教学体系中不断受到重视。本书以写实性风格为主要表现方向，在掌握一定程度的写实化造型能力的基础上，进一步融合个人风格加以变化，从而使得变化能够有其依据，展现美感。（见图 2-7）

夸张　夸张风格主要表现为夸张服装人体的肩、腰、臀的比例，如 20 世纪 80 年代夸张肩部宽度的类中性化风格，或以 12 头长及更长的长度为重点的夸张服装人体动态。夸张风格的服装人体主要运用于服饰草图与快题设计，设计师可以不受人体比例造型的过多干扰，专注于服饰款式的表达。（见图 2-8）

抽象 抽象风格是指将服装人体的体貌特征完全概念化,仅保留性别特征的表现方式。将人体细节,如面部与手,用一个大笔触进行处理,是抽象风格的主要表现手法。抽象风格常用于设计草图中服装主体特征的强调,如款式与图案色彩的变化,也用于时尚插画中写意性质的表现。抽象风格是基于写实风格线条与形态的高度提炼,是进阶的服装画表现形式。(见图2-9)

图2-7 写实化服装效果图　　　　图2-8 夸张化服装效果图　　　　图2-9 抽象化服装

2.2
服装人体的静态表现

本节的主要内容为:无动态变化站姿状态下8.5头身的比例分割及意义、体块概念的理解方式、重要的辅助线型以及8.5头身比例下的静态多角度呈现,并随附静态人体运用模板,有助于学习者临摹参考。本节采用线性与灰阶两种表现形式,有助于强化学生对服装人体体块化的理解与认知。导入的艺用人体解剖学知识,是明确人体体块结构的科学性依据,重要的辅助线型知识是为后期的服装人体动态分析做相关导入式铺垫。(见图2-10)

2.2.1　8.5头身的比例分割

8.5头身的长度是指从服装人体的头骨顶丘到脚踝处的长度(不包含实际的脚部高度)。女人体是服装画表现的重要绘制对象,高跟鞋是服装模特的常用服饰附属物,穿着高跟鞋有助于美化人物的体态,从视觉上拉长下肢及丰富服饰设计表

图2-10 服装人体的比例划分

现。鞋跟的高度决定了脚面的高度，鞋跟的高度不一，使脚面高度成了绘制时的一个变量。服装人体的长度是基于头长这一定量基础上的，为了利于后期设计的表现，在教学过程中，将人物从头部到脚踝的长度看作一个相对的定量，即 8.5 头长。事实上，加入头发的实际高度及高跟鞋后的服装人体会稍微超过 9 头长。基于以上原因，本书之后的全部范例讲解都会以 8.5 头长为基准。这是读者要注意的。

1. 服装人体体块形态的概念认知

事实上，体块结构并不真实存在于人体解剖学之中，体块结构是基于解剖构成结构而产生的对于人体理解层面上的归纳、整合性认知方式，在实际教学中常有学生对艺用人体解剖知识掌握较好，相关知识倒背如流，但进行绘画时就会出现各种造型方面的问题，导致形态失真。究其根源，是由于缺少对体块归纳的认识与忽视体块概念在绘制观察中的指导与运用。强化体块结构的概念性认知，并将其运用于绘画的观察与表现过程中，是人体造型尤其是动态分析的理论基础。（见图 2-11）

2. 体块形态与解剖学的关系

体块形态的观念来源于解剖学知识，但又不具备解剖学知识的广度及深度。体块的划分以解剖学为基础，将服装人体划分为头部、颈肩部、躯干部、上下肢及手脚。人体动态木偶正是基于这种理解而出现的，体块形态没有解剖学中的诸多细枝末节，能够以概括形式表现复杂的动态特征。在人物的动态化深入表现中，不同动态下肌肉的张弛度，是强调其动态力度的关键。如承重腿部的适度肌肉夸张与非重心腿部的肌肉松弛，适度且有针对性地导入解剖学知识，以主要骨骼、骨点形态位置与主要肌群为重点，能够更为生动地表现肌肉的起伏形态与人体动势。因此，体块形态与解剖学既是承接发展关系，又互为依据，同时也是人体绘制中的两个关注点。（见图 2-12）

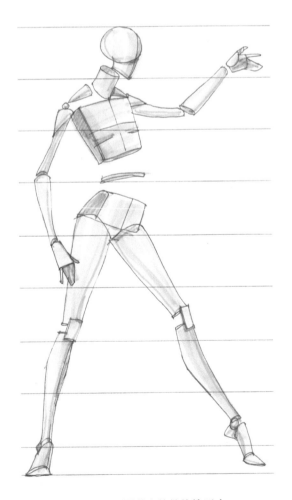

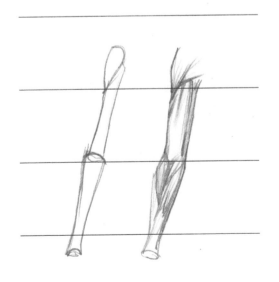

图 2-11　服装人体的体块形态　　　　　　　**图 2-12　体块形态与解剖形态的对比**

3. 体块间的比例

对于体块的理解要尽可能概念化、简单化。头部结构从整体上看呈蛋形，细分为头盖骨部分与下颌骨部分，其中，头盖骨与下颌骨的连接处上方的颧骨部分为面部最宽的部分。颈部呈稍微上大下小的圆柱形，其底部呈斜面，前长后短。颈部从前方看，最长处即下颌部分到颈窝点部分的长度为 1/2 头长，颈部的大致宽度比 1/2 头长稍窄。躯干由胸腔体块与盆腔体块组成，并以一个较窄的腰线相连接。胸腔是一个上部稍宽、下部稍窄的倒梯形，胸腔上部的宽度为两个头宽，下部比上部稍窄，这是由胸部肋骨的末端形态决定的。胸腔比一个头长稍长。从侧面看，胸腔是一个稍扁的梯形结构，在绘制时一定要注意胸腔的厚度。腰节线是一个很窄的环状长条，有时用单线的形式表达，因为腰部并没有实体化、空腔状的骨骼，腰部的柔软性使其宽度与厚度会产生紧缩感，因此在绘制腰部的过程中仅比胸腔下部稍窄。如果喜欢细腰的女性化曼妙体态，可适当地进行收窄，但一定要注意不可过度收窄。盆腔是一个扁形的倒五边形，基本长度大约为 4/5 头长，宽度上稍宽于胸腔下方，此处是骨盆上缘，也是服饰设计中中腰线的位置，亦称中臀线。盆腔的最宽处，宽度在整体肩宽与胸宽之间变化，但绝不可超过整体肩宽。如果喜好少女般的体形特征，则可稍微收窄臀宽，强调女性化体态，则可稍微加宽。下肢体块，分为大腿与小腿。大腿是一个上大下小的圆柱体，小腿约呈纺锤形。两者长度相当，约两个头长。大腿上方的宽度比臀宽的 1/2 稍窄，下端比颈部下方稍窄。小腿的最宽处在距其上端 1/3 处。上肢由上臂体块与前臂体块组成。上臂为包含三角肌结构的圆柱体，前臂为上大下小的楔形柱体，从正面看，前臂因包含尺骨与桡骨而稍宽于上臂，前臂与上臂等长，均比 3/2 头长稍短。（见图 2-13）

图 2-13　服装人体体块间的比例

4. 重要的辅助线

辅助线是观察与绘制人体的重要参考线，明确服装人体中辅助线的定义与概念，有助于对人物动态的分析与着装服饰的表现，进而培养立体化的设计思维模式。辅助线包含以人台为基础的重要结构性线条和以动态分析为目的的重心线与肩线。

1）结构线

结构线概念是建立于人台标志线基础之上的，主要分为以纵向线条为主的前后中心线、侧缝线、前后公主线、胸宽线，以横向为基础的三围线和中腰线，以及以曲线为主的领圈线与袖圈线。前后中心线的确立，明确了躯干部位的朝向与透视关系以及服饰衣襟的位置。公主线与胸宽线明确了躯干的体块化转折与服饰的省道位置。领圈线与袖圈线的确立有助于更好地表现颈部、手臂与躯干的连接关系。胸宽线与侧缝线在明确转折、强调体感的同

时，培养了学生的立体化思维。（见图2-14）

2）三围线

三围线即胸围线、腰围线与臀围线，是结构线的重要组成部分。这里针对动态变化中的斜度关系进行重点讲解，对动态的分析主要依据于三围线斜度关系的分析与夸张。三围线的斜度，从一个角度表明了动态中躯干扭动的具体形式。三围线会在不同的角度产生起伏与转折，应在体积感表现的前提下，关注这一起伏与转折的线形变化。（见图2-15）

3）重心线

重心线是确保服装人体平衡度表现的关键因素。确定的方式为从第七颈椎处做一垂线，人体单腿受力时，重心线的落点应在承重腿的脚踝内侧，分腿并立时应落在两腿之间的区域，在人体静态站立时，重心线常与中心线重合。（见图2-16）

4）肩线

服装人体强调并夸张颈肩部，尤其是锁骨部位，因此肩线成了以锁骨为主的肩部表现的关键。肩、腰、臀的角度变化是服装中动态分析的首要构成因素。（见图2-17）

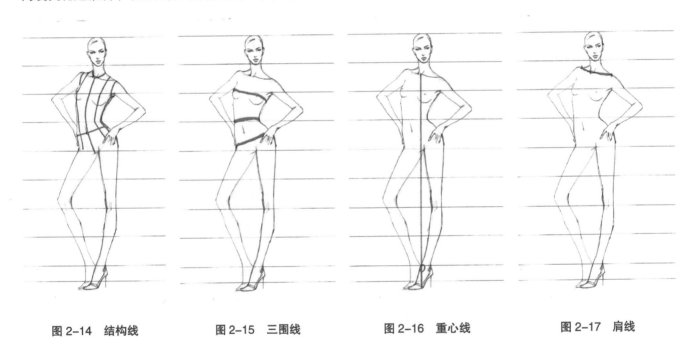

图2-14　结构线　　　　　图2-15　三围线　　　　　图2-16　重心线　　　　　图2-17　肩线

2.2.2　静态人体的多角度表现

在本节的开始，讲解了8.5头身比例的定义、组成形式与目的，本知识节点开始对8.5头身的静止姿态做步骤性详解。服装人体的绘制主要由以下几个阶段组成：人体骨骼的添加、人体大肌群的添加、肌肤连线、完成调整。有时为了更丰富地表现体感，会加入程度不一的影调，本知识节点的步骤性讲述附带影调部分，有助于初学者在掌握人体的基本形态与比例后，进行分块面的单色铺色练习，为后期多色运用的上色阶段进行铺垫式导入。

四大步骤的意义

为什么要按照从骨骼到肌肉的骨、肉、皮步骤进行人体绘制？首先，骨骼作为最基本的结构性框架，构成了人体基本的动态形式。肌肉部分是服装画人体曲线美的根本。不同于绘画人体对于皮下脂肪与肌肉的关注，服装人体的肌肉起伏主要依赖于大的肌群与极少量的脂肪组织，使人体变得较为饱满而富有体感。肌肤连线是指适当地加入少量皮下脂肪，将线条变得圆润，属于收尾阶段。完成调整是指在已经完成的服装人体上标注相关的辅助线，既有利于检查人体绘制是否还存在可调整的偏差，也有利于服装人体结构的可信性表现，还可以为着装阶段做好准备。由于还没有展开服装人体细节的讲解，对于本知识节点的练习，初学者可不表现出人物的面部、手部细节。本书出于对图片视觉性的考虑，附带了面部细节的概念化描绘。

服装人体比例绘制步骤详解

（1）打好 8.5 个比例格，在第 1 比例格中确定头宽（头宽约为头长的 2/3）。

（2）在第 2 比例格中，依次画出颈部的长与宽（下巴至颈窝点长为 1/2 头长，颈部宽度约为 3/8 头长）。

（3）在第 2 比例格中确定肩宽（肩宽约为 2 个头宽）。【注：此处肩宽并不是实际意义上的肩部总宽度，而是去除了两条手臂宽度的胸廓上方的最宽处，也称小肩宽】

（4）在第 2~3 比例格中确定胸廓的长、胸廓下围的宽度与胸宽线的宽度（胸宽线约为一个头长略宽，胸腔下底宽度约为头长的 9/10，胸腔下部止点在第 3 比例格 1/2 略向下处）。（见图 2-18）

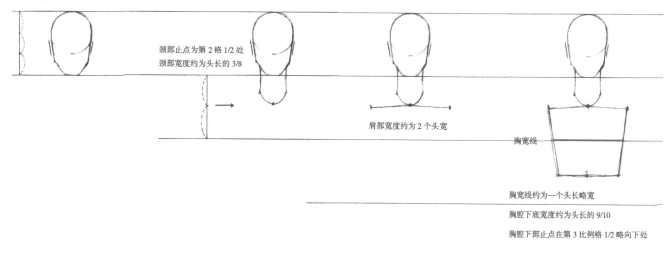

图 2-18　服装人体比例绘制步骤 1~4 步

（5）在第 3 比例格下端确定腰节线的宽度（腰节线位于第 4 比例线上方，宽比头长的 4/5 略宽）。【注：腰节线可依据个人喜好适度进行宽与窄的变化】

（6）在第 4 比例格中确定臀围线的位置与宽度（臀围线位于第 4 比例格下 1/4 略向下处，宽约为 1.5 倍头长）。

（7）确定中腰线的位置与宽度（盆腔的高度在第 4 比例格上 1/4 处，也称中腰线，躯干部位的止点在第 5 比例线略向下处，并具有一定的宽度）。

（8）绘制出盆腔（髋部）体块形态，并依次画出肩部斜方肌与肩骨末端点的几何体块形态。（见图 2-19）

（9）确定上肢的长度（上臂长约为 1.5 倍头长，上臂与前臂长度相当，三角肌约为上臂总长的 1/3，手部约为头长的 3/4，不宜超过 5/6 头长）。

（10）确定下肢长度（大腿约为 2 个头长，小腿长度接近大腿长度。膝盖体块具有一定的高度与厚度，覆盖并连接股骨与胫骨。脚踝与足占据最下方的比例格，约为 1/2 头长）。

（11）确定上下肢的宽度并圆顺线条（手臂上部约比 1/4 头长略宽，大腿根部的宽度接近头宽）。

（12）确定胸高点与乳下弧线的位置（胸高点连线在第 2 比例格偏下）。（见图 2-20）

1. 静态人体正面

这个姿势很容易显得人物呆板，常用于系列化设计中富于变化的款式的表现，但此姿势能够完整地说明人体各部位间的相互比例关系。需要强调的是，所谓比例，往往基于一个固定值进行长度的变化，服装画的比例固定

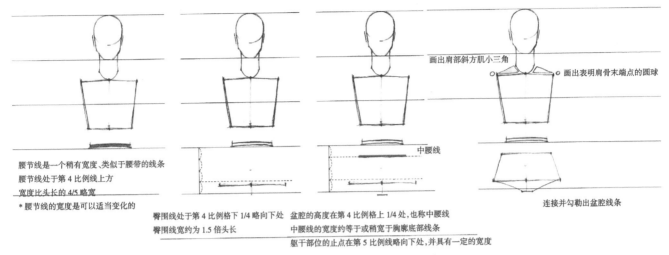

腰节线是一个稍有宽度、类似于腰带的线条
腰节线处于第 4 比例线上方
宽度比头长的 4/5 略宽
*腰节线的宽度是可以适当变化的

臀围线处于第 4 比例格下 1/4 略向下处
臀围线宽约为 1.5 倍头长

盆腔的高度在第 4 比例格上 1/4 处,也称中腰线
中腰线的宽度约等于或稍宽于胸廓底部线条
躯干部位的止点在第 5 比例线略向下处,并具有一定的宽度

中腰线

画出肩部斜方肌小三角
画出表明肩骨末端点的圆球

连接并勾勒出盆腔线条

图 2-19 服装人体比例绘制步骤 5~8 步

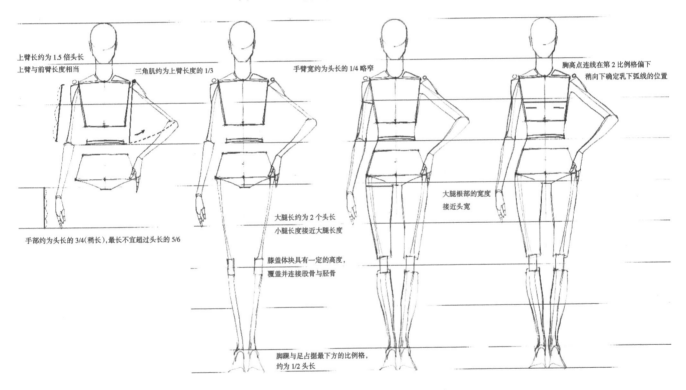

上臂长约为 1.5 倍头长
上臂与前臂长度相当

三角肌约为上臂长度的 1/3

手臂宽约为头长的 1/4 略窄

胸高点连线在第 2 比例格偏下
稍向下确定乳下弧线的位置

大腿根部的宽度
接近头宽

手部约为头长的 3/4(稍长),最长不宜超过头长的 5/6

大腿长约为 2 个头长
小腿长度接近大腿长度

膝盖体块具有一定的高度,
覆盖并连接股骨与胫骨

脚踝与足占据最下方的比例格,
约为 1/2 头长

图 2-20 服装人体比例绘制步骤 9~12 步

值就是头长,依据头长推演出不同的长度与宽度参考,变化的数据并没有一个绝对性的标准,往往要依据个人的喜好取一个大概。绘画不是工程制图,多少也需要一些个体化的随意成分,请务必在提笔之前,牢记"大概"这个概念,这样才能使得绘画具有更为丰富的形态特征与个性。(见图 2-21)

2.静态人体侧面

在实际的运用中,人体全侧面的表现在服装效果图中并不常见,究其原因是这个角度往往不能完全地表现服饰的特征。毕竟大多数的服饰设计总是存在于人体的正面部位,除非设计的重点在袖子的造型及侧缝处,但这一区域的面积实在太小。静态侧面人体有助于更好地了解人体的厚度及背部的曲线规律,在站立状态下,胸腔与盆腔的斜度朝向、大腿与小腿的肌肉起伏规律也得以充分地展示了出来,这几点是观察中很容易忽视的重要因素。(见图 2-22)

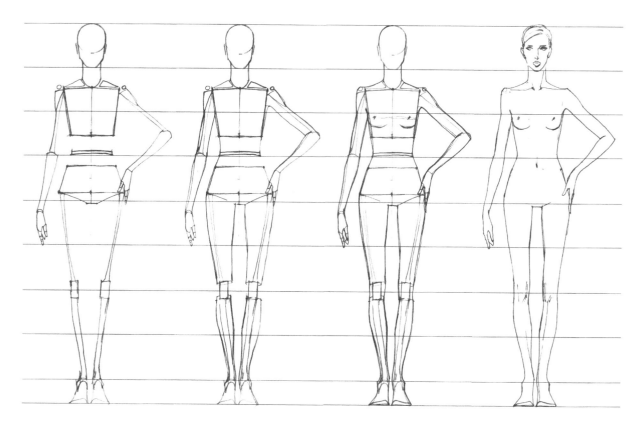

图 2-21　服装人体正面的绘制步骤

3. 静态人体 3/4 侧面

　　3/4 侧面是以前后剖面为轴分成四部分，即将面部中线至耳部对分形成的切入性角度，也称正侧面，是体积感、空间感较强的角度。在这一角度中，人物平面的左右对称性会发生透视变化，正、侧、背三角度无法完全表现的肋下位置也得以完全展现。需要注意的是 3/4 侧面的乳房形态，一般状态下都是离你近的乳房正对着你，而离你远的那一边乳房是侧面，这是由解剖学胸腔的圆形角度转折与乳房 45° 角的构造位置造成的。（见图 2-23）

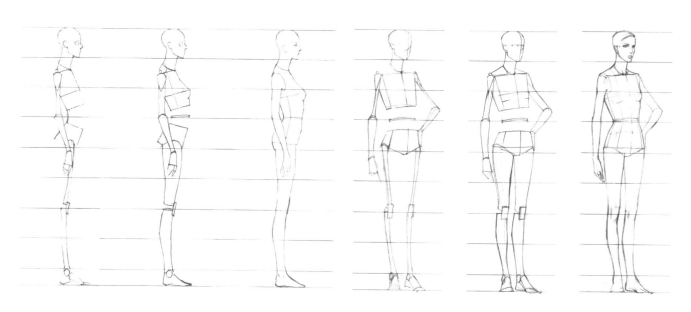

图 2-22　服装人体侧面的绘制步骤　　　　　　　图 2-23　服装人体 3/4 侧面的绘制步骤

4. 静态人体背面

背面姿态适用于展现服饰的背部设计细节，背部往往是服装人体学习的盲点区域，礼服裙装的背部设计较为丰富，因此掌握背部及四肢反面的结构变得尤为重要。背部绘画的关注点在于颈肩部，尤其是斜方肌的曲线与肩胛骨的结构，这些结构体现了模特背部曲线的优雅感。（见图2-24）

5. 低角度静态人体

观察位置较低的角度，也称仰视角度。在服装摄影作品中，为了夸张与美化人物造型以及拉长下肢，仰视角度运用较多。绘画对象受观察者视角的影响，产生或仰或俯的三维呈现。常规的服装画表现中常将视平线落于腰围线之上，通常意义上并没有如鱼眼镜头般过度地强化这一透视效果。低角度人体的表现是为了说明服装人体结构线形表现的表面曲线在仰视状态下的起伏关系，了解该知识节点内容有助于正确、合理地表现相对应的服装结构线与边缘线的起伏转折与影调强化，提升服饰着装的可信度。（见图2-25）

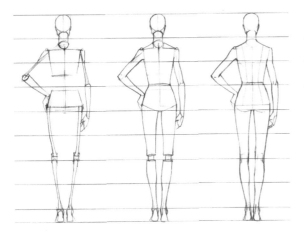

图 2-24　服装人体背面的绘制步骤　　　　图 2-25　低角度静态人体的绘制步骤

2.2.3　静态人体运用模板

本书附带的静态人体运用模板有助于学习者在临摹的过程中熟悉与掌握相关的比例数据与绘制步骤。零基础学习者，也可将模板直接应用于具体的设计绘制参考之中。（见图2-26）

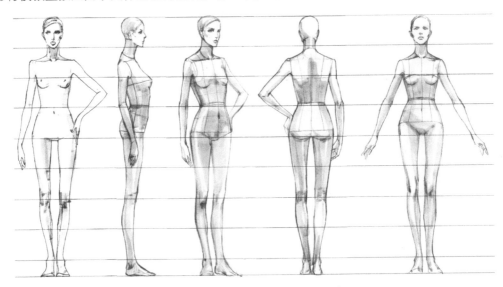

图 2-26　静态人体运用模板

2.3
服装人体的细节表现

细节依附于结构之上，丰富了绘画对象的形态特征。服装人体的细节表现主要包含头部、面部、颈肩部、躯干、四肢、手脚的细节化表现方式，是基于 8.5 头长标准静态下的深入化刻画技法讲解。讲授以艺用人体解剖学原理为导入，用结构组成、比例、细节的步骤式绘制与灰阶的影调式表现，从理解到实践，分步展开论述。线稿与灰阶稿是主要的表现形式，适用于从线性到体块的常规化理解过程。面部、手部的表现为本节的难点。颈肩部的结构关系为本节的重点，并作为动态分析的基本理论依据的重要构成部分，弥补了同类教材的空缺与不足。

2.3.1　服装人体头部的表现

头部的长度是确定头部宽度、人体体长及各比例关系的根本，从解剖学入手对头部形态与动态规律进行总结，有助于学生更好地掌握头部绘画的造型能力。（见图 2-27）

头部主要由颅骨与下颌骨构成。颅骨又称头盖骨，包含了整个头部的上 1/2 与面部的大部分，其后与颈椎连续。下颌骨是头部的可活动性骨骼。服装效果图表现中，应引起关注的头部骨点为顶丘、额结节、眉弓、鼻骨、颧突、下颌角及下颌结节，结构为颞骨转折、颧骨转折、眼窝与鼻骨转折。头部的肌肉附着较少，其面部特征细节将在下一知识节点中展开讲解。

1. 头骨形态

对头骨形态的认知一定要保持着简化的原则。对于头骨形态的把握，有助于更好地表现服装模特的头面部特征。头骨形态依人种的不同存在着一定的变化，一般来说，白种人头部占身高比例较小，面部结构

图 2-27　服装人体头部的表现

明显，深目高鼻，头面部骨骼窄，纵深空间大，正侧面宽度对比大，适于服饰物的表现，所以白种人是主流的服饰模特。黄种人面部结构相对较平坦，眼窝、眉弓没有白种人起伏程度大，鼻骨的突起也较平坦，头部正侧面宽度对比不大，头部较为浑圆。黑种人头部特征明显，整体头身比例也较好，头部偏小，眼窝结构较深，鼻梁扁平，面部下颌处向前突出，头盖骨后方饱满是其主要特征。（见图 2-28 至图 2-30）

2. 头部的几何形认知

在服装人体绘画中，骨骼阶段就要以几何体块的形式表现头部结构，这样有利于确定头部的方向与角度。几何体形态的表现，因其造型的高度概括性，难度小，易于辅助性深入，因此在绘制人体的过程中成为重要的先决表现形式。头部的几何体块分为两个部分：表示头盖骨的正圆形与表示下颌骨的五角形。头部的肌肉构成，需要牢记的是颞骨肌肉、咬肌、眼轮匝肌及口轮匝肌。（见图 2-31 至图 2-33）

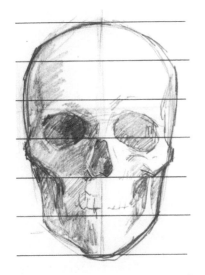
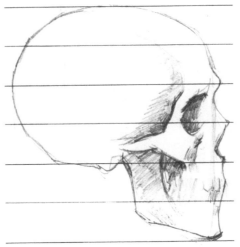
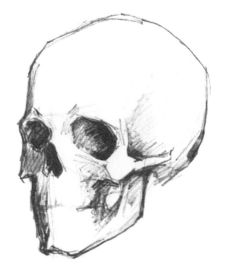

图 2-28　头骨正面　　　　　　　图 2-29　头骨侧面　　　　　　　图 2-30　头骨 3/4 侧面

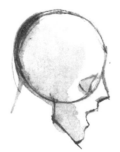

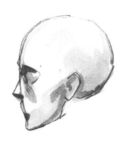

图 2-31　头部几何体块正、侧面　　　　　图 2-32　头部几何体块 3/4 侧面　　　　图 2-33　头部肌肉

2.3.2　面部比例

　　面部由五官组成，能表达出头部的细节与人物的表情、神态特征。面部的造型，要关注眉、眼、鼻、口的高度与宽度，曲线变化以及如何使其附着于相对应的眼窝、颌骨与颧骨结构位置之上，面部的刻画一定要依附于结构，先有基本的结构，再进行细节特征的描绘，并时刻关注各部位的比例、位置关系，这样才能控制好整个面部的造型。该知识节点按拆分细节再拼合为整体的方式进行多角度讲解，请读者关注表述描绘的步骤形式，多加练习、临摹，从而掌握头面部的造型技巧。（见图 2-34）

1. 时装脸的特征

图 2-34　头面部造型

　　漂亮与丑陋是对于容貌的基本划分，时尚界对其并没有完全的定式，模特的选拔并不等同于选美，而更在乎其面部的特征。总体而言，时装模特尤其是白种模特的面部的共性在于，几乎都是以小而窄的面部、深眼窝、高鼻梁、高颧骨、深凹的面颊、丰满的唇部构成的，这也是时装脸的主要特征。了解这些特征，对于表现服装效果图人物的气质、气场至关重要。多元化的流行现象丰富了传统时装脸的表现，具有东方风格的细目、扁平化的脸形也出现在 T 台秀场中，但这并非主流。多搜集当下的 T 台秀场模特的妆容趋势，能够为时装人物的面部表现提供更多的可选用素材。

2. 面部五官的比例

　　面部五官的比例存在于"大约""大概"这个定义之上，细微的差别产生了面部的不同。人物的眼部不要画

得太大，否则很容易产生卡通动漫的效果，这是初学者要注意的。随附的五官比例模板，方便课后的大量练习。初学者对于面部的学习需要一个较长的掌握时间，因此不必因为刚开始画得不满意而产生挫败感，应提前做好心理建设，要明确实际与预期总存在或长或短的时间间隔。

面部五官比例绘制步骤详解

（1）画出 6 个比例格及中心线，确定头部的长与宽（头长的 2/3 稍窄为头部宽度）。

（2）在第 1~2 比例格中平滑连接头顶至两侧头宽处，画出头的上部弧线。

（3）在第 3~4 比例格中稍加宽度，确定耳朵的大致宽度与位置。在头部中心线下方，取约 1 个比例格的长度作为下巴大致的宽度。

（4）在头部 1/2 处加入耳朵的宽度进行 5 等分，以确定眼睛大致的宽度。（见图 2-35）

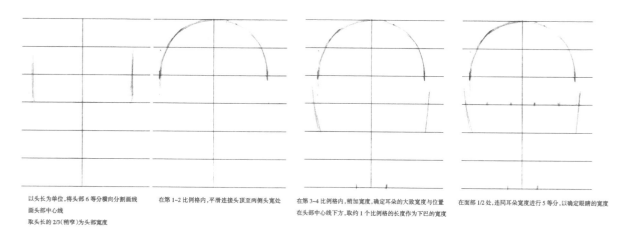

以头长为单位，将头部 6 等分横向分割画线　　在第 1~2 比例格内，平滑连接头顶至两侧头宽处　　在第 3~4 比例格内，稍加宽度，确定耳朵的大致宽度与位置　　在面部 1/2 处，连同耳朵宽度进行 5 等分，以确定眼睛的宽度
画头部中心线　　　　　　　　　　　　　　　　　　　　　　　　　　　　　　　　在头部中心线下方，取约 1 个比例格的长度为下巴的宽度
取头长的 2/3（稍窄）为头部宽度

图 2-35　面部五官比例绘制步骤 1~4 步

（5）在面部 1/2 略偏上处，画出眼睛的大致形状。在第 5 比例线处，定出鼻尖的大致位置，并画出鼻底区域的形态。在第 2 比例线上方画线，确定发际线的大致位置。

（6）在眼部上方第 3 比例格的上 1/2 处画出眉毛的形态，在第 5 比例格下方 1/2 处画出口唇部的大致形态。【注：眉毛和口的高低或宽窄可依据喜好进行适度微调】

（7）在嘴的下方画出颏唇沟的结构转折。从外眼角处做一条垂线，在第 5 比例格下方画出交点，以确定腮骨的大致宽度，并依次连线画出下颌部线条。

（8）加入耳朵的弧线，对下巴区域进行适度的圆顺度调整。（见图 2-36）

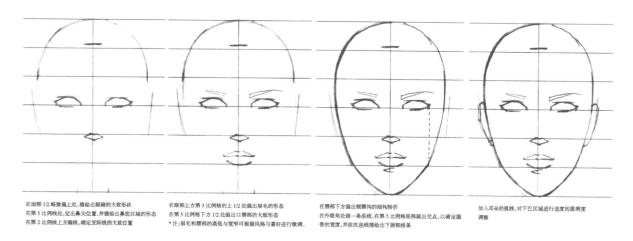

在面部 1/2 略偏上处，描绘出眼睛的大致形状　　在眼部上方第 3 比例格的上 1/2 处画出眉毛的形态　　在唇部下方画出颏唇沟的结构转折　　加入耳朵的弧线，对下巴区域进行适度的圆顺度
在第 5 比例线处，定出鼻尖位置，并描绘出鼻底区域的形态　　在第 5 比例格下方 1/2 处画出口唇部的大致形态　　在外眼角处做一条垂线，在第 5 比例格底部画出交点，以确定腮　　调整
在第 2 比例线上方画线，确定发际线的大致位置　　*注：眉毛和唇部的高低与宽窄可根据风格与喜好进行微调。　　骨的宽度，并依次连线描绘出下颌部线条

图 2-36　面部五官比例绘制步骤 5~8 步

3. 眼部的结构

眼睛是人类心灵的窗口，时尚插画尤其关注对人物眼部的细微化表达。服装人体面部的表现是以白种人的结构为基础的，因此进行眼部特征描绘的时候，要重点强调眼窝的凹陷及眉弓与眉骨高点的凹凸性结构关系。瞳孔、眼窝深度、眼皮厚度与上眼线是表现的重点，眼窝与眼皮的转折关系是其结构重点。下眼睑的厚度与结构以及下眼睫毛应适当弱化，避免产生类似于眼袋的视觉效果。

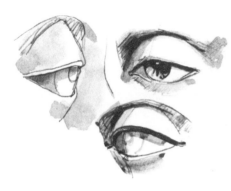

1）眼部的解剖学结构

眼球处于眼眶之中，由眼轮匝肌加以包裹，眼部结构是一个处于眼窝凹陷之中的半球体，不同角度会产生相对应的透视关系。服装人体眼部开口较宽，但不圆，呈现出类似于平行四边形的结构形态。双眼皮的宽度较宽，一定要描绘出眼皮的厚度与阴影。眼球的外可视部分由虹膜、瞳孔与巩膜构成。虹膜又称为黑眼仁儿，因人种不同，呈现出灰、绿、蓝、棕等不同色彩。瞳孔是眼部高光区域所在，绘制较暗场景时，应放大瞳孔区域。巩膜又称眼白，灰阶上色绘制时，应表现出一定的影调，用以区分瞳孔附近的高光。上、下眼睑应覆盖虹膜的一部分，否则会表现出惊恐的神态特征。（见图 2-37）

图 2-37 眼部的体块化理解

2）眼部的多角度表现

以平视的正面、侧面、3/4 侧面角度为主，请注意其步骤式的表述内容，不要一开始作画就关注眼部的曲线细节。（见图 2-38 至图 2-40）

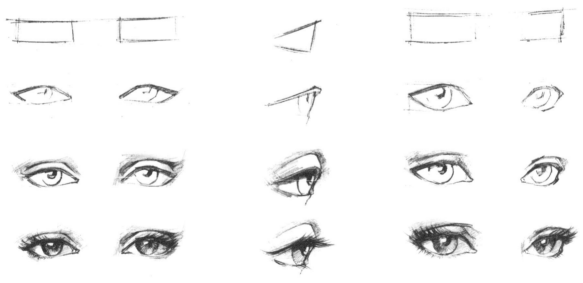

图 2-38 眼部正面的绘制步骤　　图 2-39 眼部侧面的绘制步骤　　图 2-40 眼部 3/4 侧面的绘制步骤

3）眼部的动态变化

眼部的动态变化如图 2-41 和图 2-42 所示。

图 2-41 眯眼动态　　　　　　　　　　　图 2-42 睁大的眼睛

4. 眉毛

眉毛能够起到对眼部的衬托呼应作用，强化神态的表现。妆容趋势对眉毛形态的影响很大，流行似乎也总在平眉、弯眉、长眉、短眉之间交替变化。有的时候服饰妆容会夸张表现眉毛，将其加粗、加黑，甚至使眉毛在面部呈现出突兀之感，有时又会因强化眼部而弱化或放弃对眉形的处理。眉与眼妆容关系的强弱，产生出各异的妆容风格。

1）眉毛的结构特征

眉毛处于眼窝与额骨结构的转折处，在眉弓的附近。男性的眉毛更为接近眉弓，女性则相反，眉毛从结构上可分为眉头、眉腰、眉峰与眉尾，呈现出类弧线的起落关系。眉头处于内眼角的上方，眉毛的生长方向呈扇形放射状。两个眉头过于接近，容易产生愁眉不展或气势汹汹的感觉。眉腰的宽度决定了整个眉毛的视觉重量，主要用于表现眉毛的体积感，应分成上、下两个层次表现。眉峰是眉毛的最高处，处于整个眉毛的外 1/3 处，过于上扬的眉峰适于表现出模特的气场。眉尾的处理应该弱化，不要使眉尾过于下降，否则，人物会显得缺乏生气。眉毛的绘制应保持先画外形框，再依据眉毛的生长方向进行有序、有疏密变化的表现，并在眉尾收拢线条。眉毛并不是面部刻画的重点，应与眼部保持呼应关系。（见图 2-43）

2）不同眉形的表现方式

不同眉形的表现方式如图 2-44 所示。

图 2-43　眉毛的结构　　　　　图 2-44　标准眉形、上扬细眉与平直眉毛的绘制步骤

5. 鼻子的结构

鼻部是服装效果图及时装画表现的次重点。在绘制时应适当地概念化、简化其结构细节，尤其是**鼻翼**部分，写实性地绘制**鼻翼**很容易表现出鼻颊部位法令纹的衰老感，**鼻孔**也应弱化处理。（见图 2-45）

1）鼻子的解剖学结构

鼻子由鼻梁、鼻头、鼻中隔、鼻孔、鼻翼等组成。鼻骨从额头至下，到鼻梁处最窄，最终融入鼻头部分。面部的主要高光区域，除了瞳孔与下唇处就是鼻梁与鼻头，故上色时此处一定要先期留白，有助于人物面部体积感的表现。

2）多角度表现

鼻子的常见角度主要为正面及 3/4 侧面。（见图 2-46）

3）鼻子分面体块式认知

将鼻子分为鼻梁、鼻尖与鼻底，并明确其不同的影调深浅，有助于简化其形态的表现。（见图 2-47）

图 2-45　鼻子的结构　　　　图 2-46　鼻子的多角度表现　　　　图 2-47　鼻子的分面

4）绘制过程中的注意事项

作为初学者，很难对物体进行表现深度上的主次取舍，夸张鼻孔与鼻翼、强化鼻唇沟和人中的处理是常见的不良问题，应予以重视并及时规避。

6. 嘴部的结构

较为丰满、宽大的嘴唇是时装脸的基本特征。丰唇是女性魅力的体现，也是近代以来一直秉承的审美主流。嘴唇是服装人物的绘制重点，能够表现出丰富的神态特征。

1）嘴部的解剖学结构

上唇与唇珠、口裂、口角、下唇与颏唇沟构成了口唇部。上唇的全部唇红边缘称为唇弓。唇珠为上唇正中的突起，颏唇沟是下唇与下颏的重要转折，也是嘴唇下方的阴影化区域。时装脸上唇较薄，下唇较厚，开口大，嘴角上扬。（见图 2-48）

2）嘴部的多角度表现

嘴唇由于包裹了牙齿，因而并不是平面的，存在圆弧形的转折关系。不注意口唇部的转折，会使人物的面部发生扭曲。在绘制时应先画口裂，再画上唇唇弓，最后画出下唇以及颏唇沟。（见图 2-49）

3）影调式体块表现

明确唇部的三个高点，即上唇珠与下唇两边花瓣形的高点，有助于明确高光出现的区域，上唇朝向向下，而下唇向上更为受光，所以在绘制时下唇是高光存在的主要区域。着色时上唇色彩应比下唇深得多。（见图 2-50）

4）嘴部的动态变化

口唇部动态常以微笑或半张为主，不宜对牙齿的数量进行过多的描绘，以免影响主次关系。（见图 2-51）

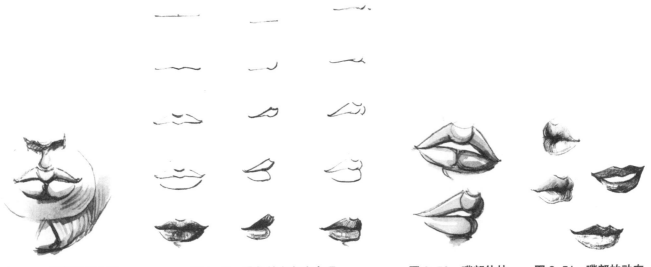

图 2-48　嘴部的解剖学　　　图 2-49　嘴部的多角度表现　　　图 2-50　嘴部体块　　图 2-51　嘴部的动态
　　　　　结构　　　　　　　　　　　　　　　　　　　　　　　　　　　　　　　　　　　　　　变化

7. 耳部与发际线

耳朵同样是面部绘画的次重点，不需要过多地描绘耳朵内部的结构与深度起伏，但针对时尚插画的细节表达与服饰配件的表现时，耳部又是一个重要的配饰物载体表现区域。不宜描绘得过于深入是其基本的绘制原则。发际线是许多读者容易忽视的重点，关注发际线的形态规律，有助于面部与发型的衔接。（见图2-52）

图2-52　耳朵和发际线

1）耳部的结构

从正面看，耳朵处于头部正中稍靠下的位置，最高处与眉尾大约平齐，最低处在鼻底与上唇交界处，从侧面看处于头部1/2稍偏下的区域。外耳分为耳廓、耳珠及耳孔，总体看呈贝壳状。（见图2-53）

2）多角度表现

耳朵的绘制应紧贴头部，不易表现得过于外扩。（见图2-54）

图2-53　耳部的结构

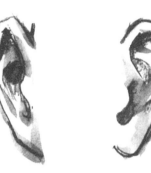

图2-54　耳朵的多角度表现

3）发际线与耳部的关系

发际线在头部的上1/6头长偏下处。作为头发的边际，过高的发际线会显得脸太长，呈现出衰老的感觉；过低的发际线会使五官缺乏疏朗之感。发际线处与额头部的区域常会表现成M形，前额与鬓角区域是主要的绘制对象。

图2-55　服装效果图头发细节表现

8. 头发的表现

头发的表现一直是初学者的难点，他们很容易将大量的时间花在漫无目的的发丝描绘中。发饰与发型是服饰风格的重要组成部分，依据服饰风格的不同，选用不同的发型是设计者必须考虑的问题。比如有过多领部与肩部设计的服饰，就不太适合用长披肩发型，胸前空白区域过多，则可用长或半长的卷发进行弥补。发色的选用也成为烘托服饰风格的一个影响因素。对于头发的表现，应秉承先块面，再分片，再绘制发丝肌理的原则。（见图2-55）

1）头发的线条表现

头发需要用粗细、长短、疏密不同的多种形态线条，依据不同发型的特点、生长方向、编结形式进行肌理化的有序表现。头发的外部廓形线条较粗，内部发片、发缕的线条次粗，较细的线条适用于表现转折面的发丝肌理。（见图2-56）

2）头发的体块化理解

对头发的理解应先从其体块结构进行认识，可将头发尤其是编结类发缕想象为较宽的丝带或缎带，按其结构进行亮部、阴影与转折处的划分。发丝的线条常用于明暗交界线转折处，以强调头发的肌理，此类线条并不需要出现在整个头发之上。头发的高光受发色影响较大，黑色与棕色等深发色的高光区域基本都是浅棕色或金色的，栗色、浅棕色的头发高光区域次亮，金色及亚麻色的头发高光区域最亮。对于头部体块化的认识，有助于表现头发结构的受光面、背光面、转折面与反光面，利于其体积感的表现。头发的蓬松感存在于边缘性线条及反光处的留白中，先表达体积感，再在调整过程中增加蓬松感，是头发绘制的基本步骤。（见图2-57）

图 2-56　头发的线条表现　　　　　　　　　图 2-57　头发的体块化理解

3）不同发型的表现

按发型的长短与曲直，本书采用炭笔以黑白线面结合稿的形式罗列了几种常见的发型范例，重在原理性的分析与步骤表现。（见图2-58至图2-61）

图 2-58　短发的绘制步骤　　　　　　　　　图 2-59　中长直发的绘制步骤

图 2-60　编结发式的绘制步骤　　　　　　　图 2-61　长卷发的绘制步骤

4）绘制过程中的注意事项

头发的表现最好是结合头面部的绘制，这样可以注重画面各部位的关系，不至于过于沉湎于细节。细节与整体的把握不当是几乎所有初学者都会遇到的问题，也成为许多人技法难以提高的瓶颈。对头发进行适度、有效的绘制练习，可以暂时抛弃那些像与不像因素的干扰，进行先整体再细节的方式化训练。头发的表现在一定程度上依附于线条表现的整合处理方式，故而也是训练线条表现力的有效训练形式。

9. 头部的整体表现

头部的整体表现是基于面部比例之上的，加入前面讲到的五官细节与发型的综合运用，是本知识节点内容的完整呈现。头部细节刻画是服装画的绘制重点，本知识节点采用线面结合的方式对其进行步骤化的表达，具体的色彩化呈现将在本书的第四部分展开深入讲解。

1）头部整体的多角度表现

头部整体的多角度表现如图 2-62 至图 2-64 所示。

图 2-62　头部整体正面的绘制步骤

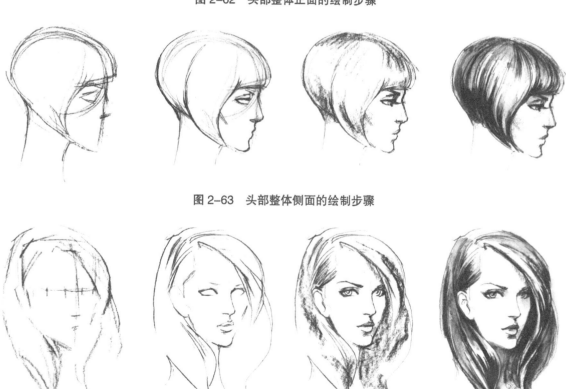

图 2-63　头部整体侧面的绘制步骤

图 2-64　头部整体 3/4 侧面的绘制步骤

2）不同人种头部特征的表现

以具有T台秀场典型特征的欧罗巴、亚裔、非裔三大人种为范例，以符合时尚流行的多元化需要。（见图2-65至图2-67）

图 2-65　欧罗巴人种特征　　　　　　图 2-66　亚裔人种特征　　　　　　图 2-67　非裔人种特征

2.3.3　服装人体颈肩部的结构与表现

图 2-68　服装人体颈肩部的表现

同类型的相关教材中，常把颈部与肩部分开讲解，颈部归于头部，而肩部则归于躯干部，这样的划分很大一部分原因是基于解剖学中"第七颈椎是颈部与躯干的分界点"这一常识，第七颈椎就是当我们低下头时后颈处能够触摸到的最高点，它和人体的前颈窝点相连，形成了颈底横截面的中心线。但在实际的服装效果图表现中，颈部呈现出胸锁乳突肌与前颈窝点结合前方锁骨与后方斜方肌的连贯式、一体化表现形式，分开讲解并不利于这一最终呈现目的的合理化理解。不强调颈肩部整体化的动态规律与构成连接形式，会造成人物颈部与肩部表述单薄、造型失真僵硬等弊端。在理解方式上仅需明确人体的颈肩部是头部向躯干及上肢的过渡即可。（见图2-68）

1. 颈肩部的解剖学结构

颈部由7节颈椎构成，重要的肌肉依次为胸锁乳突肌、头夹肌、肩胛提肌以及后部斜方肌的上半部分。胸锁乳突肌是颈部表面最为主要的肌肉，从耳下的头骨乳突向前延伸，包裹至前方分成两支，视觉上较为明显的主支聚合于颈窝处，另一分支止于锁骨端1/3处。整个颈部与肩部的衔接，呈现出前低后高的形态，如同一个楔子以斜向前方的趋势与肩部相连。肩部同样是一个前低后高的实体，前部为锁骨，后部为肩胛骨，锁骨与肩胛骨在外端相交，构成了肩部的基本厚度。斜方肌包裹于肩胛骨的上部区域，使肩部从侧面看呈现后高前低的起伏造型。锁骨与胸锁乳突肌处的凹陷称为颈窝，是躯干前端的起始部分。（见图2-69）

2. 颈肩部的体块化理解

颈部是一个向前有着楔状底部的圆柱体，楔状的最长尖角与两条锁骨中心处相连，锁骨用两条细微起伏的弧线表示，后方的两个小三角表示斜方肌，斜方肌与锁骨存在空间上的距离性，这个区域的下凹突出了锁骨的起伏向前。人越胖，则锁骨上部的凹陷越不明显，斜方肌更饱满，呈现出圆厚肩部的视觉效果；人越瘦，则锁骨越明显，整个肩部看起来也越单薄。（见图2-70）

3. 需要强化的骨点、骨骼与肌肉

服装效果图与时尚插画中，颈肩部需要强化与夸张胸锁乳突肌、锁骨的线条感，要明确肩部的斜度是由斜方肌与肩骨末端点决定的。颈窝是要强调的凹点，常用来明确或暗示人物躯干的朝向，肩骨末端点是需要强调的凸点，也称骨点，是肩部向上肢的重要转折。（见图2-71）

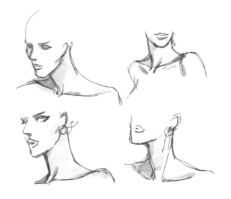

图 2-69　颈肩部的解剖学结构　　　图 2-70　颈部体块　　　图 2-71　颈部需强化的骨点及肌肉

4. 多种动态的表现

服装画中叉腰与耸肩是常见的基本动态，在理解上要将颈窝点看成是相对静止的定量，胸锁乳突肌的线条用来表现头部与颈部的旋转关系，斜方肌的高度用来表现肩部的斜度、手臂的高举程度以及肩部的打开与内收。当肩部内收时，斜方肌向上，而锁骨外端向后，整个肩部看起来更窄。当肩部打开时，斜方肌舒展，锁骨向前，肩部看起来平坦且变宽。手臂高举的动态一直是服装画中的难点，当高举手臂时，斜方肌由于肩胛骨上抬变得更高，其末端与手臂的三角肌上端会发生重叠，锁骨的外端尤其是肩锁关节末端点会消失于三角肌与斜方肌交会处，因而在这种状态下实际的肩宽会变窄，这是在绘画中要引起注意的。头部的旋转方向会对胸锁乳突肌的形态产生直接的影响，头向左偏，则左部的胸锁乳突肌不明显，右边的胸锁乳突肌会伸展拉长。颈部的表现一定要注意这一主次关系，它决定了颈部的动态是否僵硬，是否具有合理性。（见图2-72）

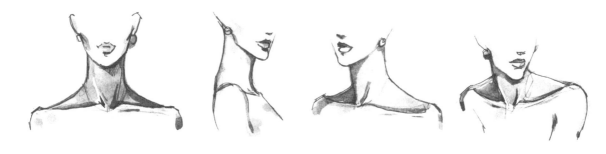

图 2-72　颈肩部的多角度表现

2.3.4　服装人体躯干部的结构与表现

躯干部分是人体结构中面积最大、构成最为复杂、运动形式最为多样的重要组成部分，同时也是服饰主体物的设计区域。我们不但要了解其基本构造与运动规律，更要结合透视原理与曲线化的人体特征，对其进行有一定装饰性的描绘，其过程具有一定的难度。较好地理解与掌握服装人体躯干部的结构造型特征，有助于服装人体动态与服装平面款式的表现。

1. 躯干部的组成

躯干部，由脊椎连接的胸腔与盆腔两大部分组成。

胸腔　由胸骨柄与 12 对肋骨构成，其中的 10 对肋骨呈环形，形成了胸腔的腔状实体。另外 2 对肋骨只在背部脊椎两侧，未形成环状排列。胸腔的上方是肩胛骨与锁骨，两者构成了一个相对较扁的环，而胸部的环状更为浑圆饱满。肩胛骨是胸腔背部运动角度最多的大型骨骼，呈类似于三角板的形状。脊椎的曲线与肩胛骨的结构，形成了服装人体背部的优雅感。胸腔的重要肌肉为处于前部的胸大肌、腹外斜肌、腹直肌、侧部的前锯肌，以及后部的斜方肌的大部分和大小圆肌及背阔肌。

盆腔　躯干的下半部分，也称骨盆，与下肢相连接，可将其理解成一个上部开放较大、底部呈环形的斜向的盘子。骨盆呈现出前低后高的形态，骨盆的最低点为坐骨，前端最低点为耻骨联合。骨盆的最高点为骨盆上缘，也称髂嵴，是腰部与髋部的分界。骨盆的后壁上与脊椎相连，下与尾骨相连，称为骶骨。骨盆的形态与实际体块的形态并不相同，盆腔体块的形态与之相反，呈下大上小的梯形，这是由于骨盆下侧与股骨大转子相结合，以及外部包裹的臀部肌肉造成的。髋部的主要肌肉由一部分腹直肌、腹外斜肌的下缘、后方的臀大肌与臀中肌组成，骨盆上缘是服装人体要强调的关键骨点。

脊椎　作为胸腔与骨盆的连接，脊椎呈现出类似于 S 形的曲线特征。对于服装画表现而言，脊椎的这一形态决定了人物的造型美感。背部，也就是从颈椎到胸椎上部的表现，是服装人体背部的主要绘制区域。（见图 2-73 至图 2-75）

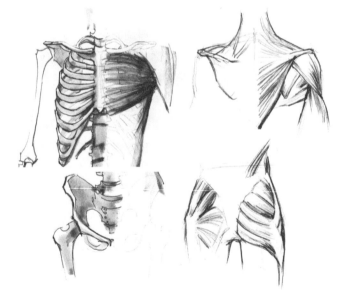

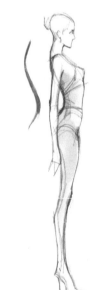

图 2-73　躯干的扭动　　　　　图 2-74　躯干部的解剖学结构　　　　　图 2-75　背部脊柱曲线

2. 躯干部的体块化认知

在服装人体中常用上大下小、近似于矩形的六面体表示胸腔，用上小下大的梯形表明盆腔，并用细线作为脊椎将两者连接起来。（见图 2-76）

3. 胸部结构的表现与认知

乳房组织作为重要的服装人体结构，在此需要对其具体位置、方向、形态及动态下的变化进行单独讲解。乳房附着于胸大肌之上，其大部分由乳腺组织与脂肪构成。服装人体的乳房呈半碗状的水滴形。表达的重点是乳房适度圆润的外形线条及乳下弧线，乳头用点的形式表达，是对胸高点、公主线位置及胸腔朝向的暗示。乳房的生长方向，以背部脊椎为一边、乳头与前颈窝点的连线为另一边在胸腔的纵剖面上的投影呈约 45° 夹角。站立姿态下，模特的两个乳头永远不可能正对着你。当从 3/4 侧面看时，离你近的乳房正对着你，另外一个则呈侧面角度。明确其形态与生长方向，有助于内衣与礼服裙装或紧身上装的合理化表现。（见图 2-77）

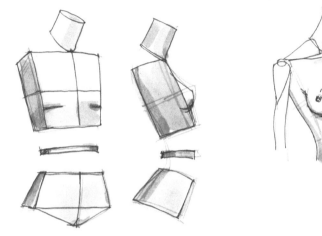

图 2-76　躯干的体块

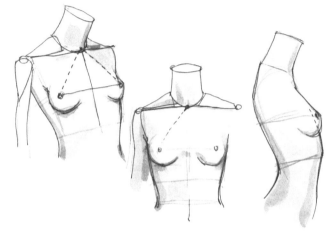

图 2-77　胸部结构的认知

4. 躯干体块的运动规律

前后伸展　身体躯干与颈部类似，主要的运动方式都是向前闭合、向后打开。

左右　人体的动态尤其是步态，通过肩线、胸围线、腰围线、臀围线的斜度变化得以体现。

扭转　躯干的扭转是更为复杂的动态，主要表现为胸腔与盆腔的非同一性朝向。表现扭转姿态时要注意胸部与臀部不同的朝向产生的透视，同时也要注意其扭转的幅度与重心的变化。（见图 2-78）

5. 躯干表现中的关联性重要辅助线

肩线表明锁骨位置，胸围线、腰围线、臀围线表明躯干处各部位的斜度变化。前中心线即胸骨柄位置，表明躯干的朝向与胸腔、盆腔的扭转关系。侧缝线及公主线，表明人物躯干的体积感。领围线表明躯干与颈部的衔接。袖圈线表明人体躯干与上肢的衔接，以及躯干的透视关系。（见图 2-79）

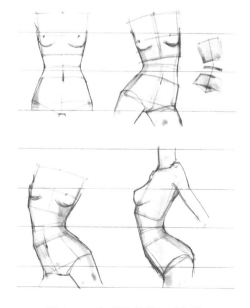

图 2-78　躯干体块的运动规律

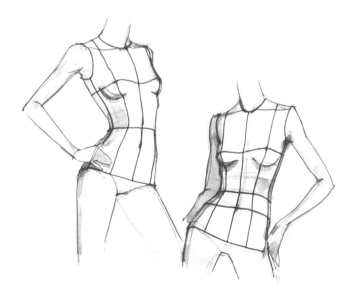

图 2-79　躯干的辅助线

6. 躯干部绘制过程中的注意事项

躯干的描绘应基于体块之上，表明其整体关系，适当的曲线化表达是必要的，但不应过度夸张地收紧腰部曲线，人物的胸部不宜画得过于丰满，胸腰臀比不宜过大，以免影响后期服饰物的表现。

2.3.5 四肢的结构与表现

四肢与躯干相连接并与其做着轴向关系运动，四肢是躯干动态的延伸，丰富了服装人体的动态表达。四肢的构成与原理较躯干简单，长度与形态也更易理解，需要关注的是四肢肌肉的张弛以及宽度形态的准确表现。

1. 上肢

手臂由上臂（大臂）与下臂（小臂、前臂）组成。两者长度相当，在服装画中常用约 1.5 个头长来定义。

1）手臂的解剖学结构

上臂由肱骨组成，下臂由尺骨与桡骨组成，肘关节处的可视骨点为肱骨内、外踝，内踝较大而外踝较小，尺骨与较细的桡骨呈交拧状，使下臂可以产生旋转。重要的肌肉有上臂三角肌，约肩骨末端点到整个上臂的上 1/3 处长，其次为肱二头肌、肱三头肌及肱肌，下臂为肱桡骨肌、尺侧屈腕肌、掌长肌等肌群。（见图 2-80）

2）手臂形态的几何形态认知

上臂呈现出以三角肌为主、肱骨为连线的造型。下臂呈类长三角的长矩形，上臂剖面较圆，而下臂的剖面较扁，这是由下部尺骨、桡骨的形态决定的。（见图 2-81）

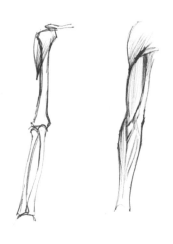
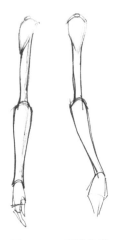

图 2-80　手臂的解剖学形态　　　　　图 2-81　手臂体块

3）手臂与肩部的关系

手臂与肩部存在轴向运动关系，锁骨像一个倒着的衣架，结合肩胛骨连接着上肢。（见图 2-82）

4）手臂的动态规律

手臂向前、叉腰、抱于胸前或向上打开，是手臂的常见运动造型。三角肌、肘关节点、桡骨末端的骨点，是服装人体绘制的重要表现结构。（见图 2-83）

2. 下肢

下肢由大腿及小腿构成，两者长度相当，服装人体 8.5~9 头身比例中均定义为 2 个头长。对于腿部骨骼与肌肉张力的适当表现及膝盖的简洁化表达是该部分的重难点。腿部较上肢表现应更强调立体感，有时还要适度地留出小腿的高光，这是初学者尤其要注意的。

1）腿部的解剖学结构

腿部的上方与骨盆相连接，大腿的骨骼称为股骨，股骨上端呈"7"形，最上端的突出处，与骨盆侧下方的凹

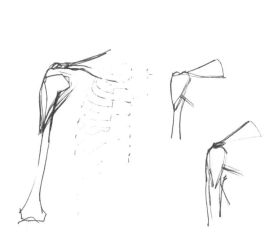

图 2-82　手臂与肩的关系　　　　　　　　　　图 2-83　手臂的运动规律

窝相嵌合，我们称此处的股骨部分为大转子。大转子也称为股骨头，是承担人体上半身重量的节点，也使整个下肢呈现出轴向运动。股骨的体外侧末端为股骨外踝，内侧为股骨内踝，膝盖上方的宽度由这两者决定。

　　小腿分为胫骨与腓骨，结构与前臂类似，但并不具备尺骨与桡骨的绞合旋转方式。胫骨较粗，用于承担人体的大部分重量，腓骨较细，靠近身体的外侧，腓骨下面为外脚踝，胫骨下面为内脚踝，构成了脚踝的宽度。髌骨连接股骨与胫骨构成了膝盖。事实上，膝盖是由股骨内外踝、胫骨内外踝及髌骨共同组成的。

　　下肢的主要肌群有以下这些。大腿肌群包括大腿部分前方的股直肌、前方斜向的缝匠肌和上方内侧的内收长肌，以及大腿后侧的股二头肌和半腱肌。大腿的主要大肌群集中于前方，而小腿肌群则相反，主要为腓肠肌、比目鱼肌以及腓胫骨长肌。小腿的最前方相对缺少肌肉的包裹，这是小腿结构的特点，此处也常作为表现小腿体积的重要转折。（见图 2-84）

　　2）腿部形态的几何体块认知

　　大腿形态呈上大下小的圆柱体，从侧面看，前侧线条饱满，后部平直；小腿形态呈类纺锤体，前部平直，后部饱满。膝部用类似于排球运动员护膝的形态表现，仅依附于大、小腿相连接的缝隙处，部分覆盖了大腿与小腿的上下小部分，许多同类型教材中常用小圆球表达。但护膝形似乎能更好地理解并简化膝盖的形态特征并说明大、小腿的朝向。（见图 2-85）

　　3）腿部与盆腔的关系

　　腿部大转子深嵌于骨盆之中，以腹股沟为分界，后部的臀下弧线是后分界线。（见图 2-86）

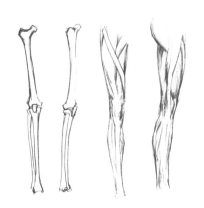

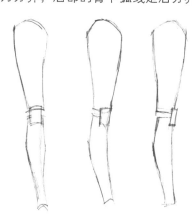

图 2-84　腿部的解剖学结构　　　　　图 2-85　腿部体块　　　　　图 2-86　腿部与盆腔

　　4）重要的腿部肌肉与不同动态下的张弛变化

　　腿部由于承担了身体的重量，会在重心的影响下呈现出承重腿与非承重腿的动态变化，明确与强化两者肌肉的张与弛，能够使人物的动态更具有张力，视觉上能够站立得更稳。当肌肉用力，形态变得丰满，相应的线条应加重、加深，当肌肉放松时，可弱化其起伏，并将线条细化、轻化处理。股直肌、缝匠肌、腓肠肌是主要承重肌肉，也是线条变化的重要区域。（见图2-87）

　　5）下肢的动态规律

　　服装人体下肢的动态规律，主要分为步态、打开与交叉，屈膝下蹲类动态在实际中运用很少。当承重腿确定时，非承重腿可以采用各种动态呈现，这是服装人体单腿承重的规律。分腿承重时，腿部的动态较小，因此分腿承重的姿态会稍显僵硬，缺少灵动，较为适用于表现服饰设计特征明显的服装。如注重大廓形的多层次表现、未来感十足的创意化时装、庄重的礼服化服饰与庞大廓形，都适合用分腿承重姿态来表现。（见图2-88）

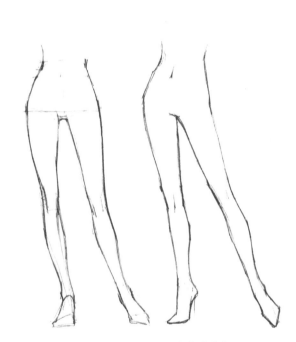

图2-87　腿部肌肉的张弛变化

图2-88　下肢的运动规律

2.3.6　手部结构与动态模板

图2-89　手与脸的对比

　　手部的造型一直是服装人体绘制的难点，对于手部比例与结构理解不清、缺乏概念化的理解与表现形式是其难点产生的主要原因。手部的绘画具有一定的造型能力要求，因而成为无数初学者极力回避的绘画表现对象。本节从手部的解剖学知识入手，并以此为基础进行体块化的理解，从分析其动态规律的角度出发，解决手部动态的难点问题。手部的姿势实际上在效果图表现中具有一定程度上的定式化，本知识节点随附常用的定式化造型范例，便于初学者模仿与练习。需要强调的是，服装人体手部的表现是以手部的结构与转折为主的，细部关节的皮肤褶皱与指甲并非绘制的重点，应予以弱化或虚化。（见图2-89）

1. 手部的解剖学知识

手部由少量的肌肉、筋膜血管及骨骼组成，皮下脂肪较少，因而骨点多，结构感强。手部的骨骼结构复杂，分为腕骨、掌骨与指骨三部分。腕骨呈月牙形，掌骨与指骨均呈扇形排列，掌骨与腕骨在服装人体中做一体化表达。掌骨中，食指掌骨最长，大拇指掌骨最短，约为食指掌骨的 2/3，明确这一点有助于确定手掌的长度与虎口的具体位置。指骨分为三节，即基节、中节与末节，中节常为基节的 2/3，末节约为中节的 1/2，中指最长。大拇指由于独立存在，其运动方向与其他手指不同，大拇指只有两个指节，拇指的末节止于约食指指骨基节的 2/3 偏上。手指关节依次变细、指节依次变短及扇形排列是其主要的结构性特征。手指的重要肌肉在拇指处，即拇短屈肌与拇短展肌。掌短肌是手掌外侧的重要肌肉，决定了手掌的厚度。（见图 2-90）

2. 手部结构的体块化理解

拇指作为手掌的分支，与手掌的瓦片状结构构成了整个手掌部位，其他四指做圆柱体处理。因服装人体夸张的需要，手指较手掌稍长。（见图 2-91）

3. 手部的动态规律

手掌的动态始终保持着瓦片状向内的方向，手指除拇指外仅做开合式大幅向前屈伸，拇指相对其他四指的前向运动来说，运动的角度更大，可做画圆运动，这种方向性的不同，表现出手部以拇指为导向的抓、握、提、捏等运动特征。（见图 2-92）

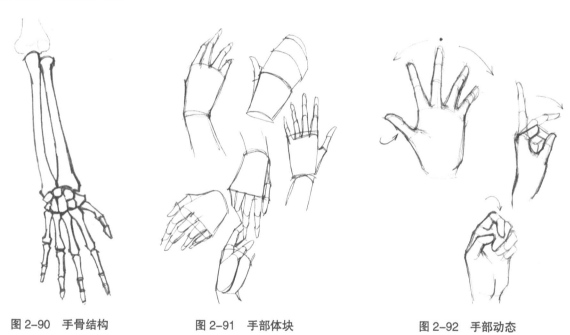

图 2-90　手骨结构　　　　图 2-91　手部体块　　　　图 2-92　手部动态

4. 手部的绘制步骤

手部的比例是以面部长度为最长单位，各部分对比产生的。无论是什么造型，去除透视的影响，手的各部位的长度比例均保持不变，服装人体的手部较绘画人体而言要窄长很多，手指的手背部位看起来较长，手掌部位看起来略短。

手部绘制步骤如下。

（1）以比头长 5/6 稍短的长度作为手的总体长度，将其 2 等分，确定手指与手掌的基本长度。手掌长的 7/10 为手掌的大致宽度。

（2）将手背宽度 4 等分，确定食指至小指的大致宽度。

（3）在中指宽度处 2 等分，做直线至比例格顶端，确定中指长度。

（4）中指基节长度为单位 1，中节为 2/3，末节为中节的 2/3。在手背处 2 等分，确定拇指掌关节的大致位置，并画出手掌弧线。

（5）画出中指的大致形态，在中指末节处 3 等分，取下 1/3，以确定食指的大致长度。中指末节 1/2 处，即为无名指指尖的大致位置。（见图 2-93）

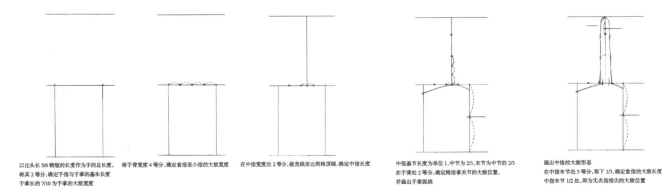

以头长 5/6 精短的长度作为手的总长度，将其 2 等分，确定手指与手掌的基本长度，手掌长的 7/10 为手掌的大致宽度

将手背宽度 4 等分，确定食指至小指的大致宽度

在中指宽度处 2 等分，做直线至比例格顶端，确定中指长度

中指基节长度为单位 1，中节为 2/3，末节为中节的 2/3，在手背处 2 等分，确定拇指掌关节的大致位置，并画出手掌弧线

画出中指的大致形态，在中指末节处 3 等分，取下 1/3，确定食指的大致长度，中指末节 1/2 处，即为无名指指尖的大致位置

图 2-93　手部比例及绘制步骤 1~5 步

（6）按中指指节长度比例依次画出食指与无名指的大致形态，在无名指中节处，略向下确定小指的长度。【注：无名指、小指较中指与食指窄】

（7）按基节：中节：末节 =3：2：2 的比例画出小指的大致形态。在手背底部，向外放出约为中指 1/2 的宽度，在手背 1/2 处向外取比中指宽一些的宽度，连接以上两点，画出一条斜线，用以确定拇指掌骨的长度与斜度。

（8）取拇指掌骨斜线的长，在拇指基节处向外斜向延伸，定出拇指总长，将之 2 等分，取均分处稍向上位置，画出拇指指节的形态。

（9）将小指侧手背下方 1/2 处略向内收。食指下方手掌处略向外，与拇指关节相连，画出虎口的形态。拇指掌骨斜线下 2/5 处向内收，与原手掌辅助线相连画出部分手腕结构。完善并调整手部整体的线条与形态，并适度描绘出手部的相关骨点。【注：如有需要，可适度绘制出指甲的大致形态】（见图 2-94）

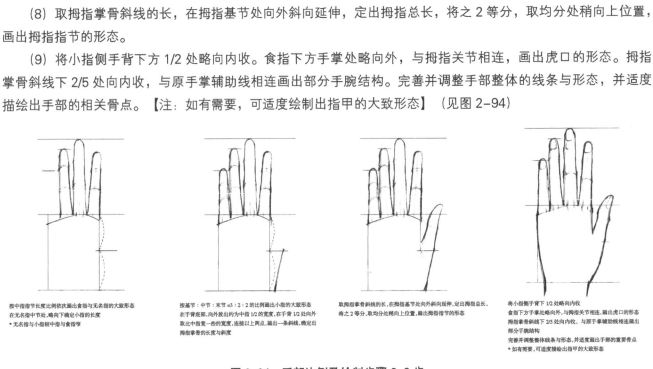

按中指指节长度比例依次画出食指与无名指的大致形态，在无名指中节处，略向下确定小指的长度
* 无名指与小指较中指与食指窄

按基节：中节：末节 =3：2：2 的比例画出小指的大致形态，在手背底部，向外放出约为中指 1/2 的宽度，在手背 1/2 处向外取比中指宽一些的宽度，连接以上两点，画出一条斜线，确定出拇指掌骨的长度与斜度

取拇指掌骨斜线的长，在拇指基节处向外斜向延伸，定出拇指总长，将之 2 等分，取均分处稍向上位置，画出拇指指节的形态

将小指侧手背下 1/2 处略向内收
食指下方手掌处略向外，与拇指关节相连，画出虎口的形态，拇指掌骨斜线下 2/5 处向内收，与原手掌辅助线相连画出部分手腕结构
完善并调整整体线条与形态，并适度画出手部的重要骨点
* 如有需要，可适度描绘出指甲的大致形态

图 2-94　手部比例及绘制步骤 6~9 步

5. 手部的动态表现

手部的动态表现如图 2-95 所示。

6. 手部的绘制要点

手部的绘制要以面部长度为参考，稍短于面部的长度。当 10~12 头长时，手部的长度也会相应增长一些。绘

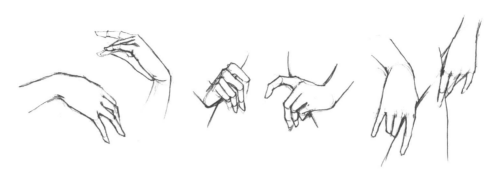

图 2-95　手部的常用动态

制时要以中指为首要的比例，依次绘制食指、无名指、小指，最后是大拇指，要明确大拇指与其他四指的不同运动方向与结构差别。从手部正、反面看，手指与手掌的视觉长度不同，从手心角度看，手指较短，而从手背角度看，手指较长，手指的正、反面视觉长度也不一致，但服装人体在这方面的差异性并不明显。平行于手背方向的剖面转折的关键是食指，从食指到小指过渡平坦，而从食指到拇指的起伏相对较大。

2.3.7　脚踝及足的结构与表现

　　脚踝处连接了小腿与足部，是绘制的重要骨点，尤其是外脚踝与后部的跟腱处。服装人体的 8.5 个头长的止点即脚踝偏下的区域。

　　1. 脚部的解剖学知识

　　脚部按基本结构分为距骨、跟骨组成的足后部（足跟部分），足舟骨、楔骨与跖骨组成的足弓部分，趾骨组成的脚趾部分。距骨处于跟骨之上，构成了踝部与上端胫骨的连接，跟骨最大，趾骨同指骨一样，也分为三节。脚部的肌肉基本都是肌腱。（见图 2-96）

　　2. 脚部结构的体块化认知

　　脚部大体的形态为楔形，分为跟部、足弓、趾三部分，依次降低，从侧面看类似于三角形。大脚趾是主要的转折点，大脚趾内侧至脚心转折角度较大，大脚趾到小脚趾的转折较为平坦，大脚趾的趾骨基节与跖骨的交点是脚面的另一个转折点。（见图 2-97）

　　3. 脚部体块的动态规律

　　脚部的动态没有手部多，与小腿成 90° 夹角。脚部的表现通过强调外脚踝及内部大脚趾与跖骨的转折来强调脚部的内外侧关系。不论鞋跟多高，足跟部始终是不变的，变动的是足弓的斜度，当鞋跟较高或穿着夹趾鞋时，应当强调大脚趾骨骼与骨点的描绘与结构，强调其力度。脚的表现还应遵循一定的透视规律，但不应过度强调。（见图 2-98）

图 2-96　足部的解剖学形态

图 2-97　足部的体块化理解

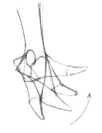

图 2-98　脚踝与足的动态规律

　　4. 鞋跟高度不同时脚的绘制步骤

　　首先画出踝部与足跟的正常状态，再依据鞋跟的高度确定脚面足弓的斜度，最后确定脚趾区域。鞋跟越高，

跟至趾的水平距离越小，脚面不可画得过长。（见图 2-99）

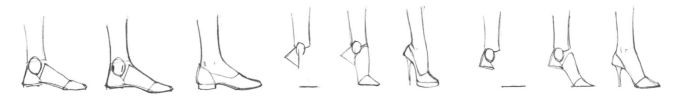

图 2-99　鞋跟高度不同时脚的绘制步骤

2.4
服装人体的动态分析与表现

图 2-100　服装人体动态

本节是本书的难点，主要讲授的是一种动态的分析方式，并通过对服装人体的常用动态进行四个种类的划分，在表现的过程中不断地印证该方式的合理性。

本节由动态分析法的定义、目的、方式与步骤及不同动态的表现组成，节后附相关的动态模板，便于读者模仿与参考。动态分析的表现形式以黑白线稿为主。

本节的重点为动态分析的观察方式，是动态分析法的关键和核心，了解并熟记分析法的步骤，能够准确地依据图片进行动态的还原与适度的夸张。（见图 2-100）

2.4.1　服装人体动态分析法

许多的同类教材对动态分析采用单向性的讲授方式，只列举了几种常用的动态，对于其他的动态表现形式，尚缺乏系统化的分析方式的讲述，这就造成了学生对不常见的动态表现力不当这一普遍性问题。对绘画对象的动态表达属于造型训练的一部分，艺术类院校的学生具有一定的动态表现力，似乎是其入学的基本必备技能，但是事实上，由于高等教育的普及化及招生要求的非专业性，服装效果图不再是学生考前必须掌握的，学生对于以速写为基础的相关训练并不多。造型能力薄弱是造成该知识节点成为重难点并难以提升的一个主要内部因素。在服饰表现上，服装流行的多元化、服饰摄影的风格化，产生了更多的非常规性服饰动态，要想对这些个性化动态进行良好的表现，光靠不断地背记与练习显然是不够的，这就要求我们掌握一种既定的方法，用分析的方式解构多变的动态，提取特征并加以适度夸张。

1. 动态分析法的目的与意义

动态分析法正是基于上述原因产生的。动态分析法关注的是不同动态的特征，强调对斜度、朝向以及重心的变化规律进行分析与绘制。初学者对动态的观察很容易陷入肌肤表面的曲线起伏之中，因而失去了对整体的把握。

动态分析法避免了这种直观表现的经验性描绘方式，它更类似于人偶动态的布置或石膏像的起稿阶段，以注重整体关系为先决条件，进行细节起伏的描绘。掌握了这一方法，不论是夸张动态还是常规步态，都可以进行良好的还原性表现，对于速写与时尚插画的创作也具有一定程度的帮助。

2. 动态分析法的观察方式

动态分析法是将看到的绘画对象，通过分析的方式提取动态特征，并在画面上进行适度夸张的还原，并不是不加思考地提笔就画。动态分析法的观察方式及过程是该方法的核心。

动态分析法主要以动态人体的各部位斜度与朝向为主要观察域进行分析。最为重要的线形分析包含三大横向线条的斜度分析、重心线分析、中心线分析以及结构线分析。其中，横向线条分析表明了躯干的胸部、臀部运动关系，中心线分析表明了躯干的朝向，重心线分析确立了下肢的承重及人体的重心平衡，结构线分析强调基于朝向的人体透视及深度、厚度。

1）三大横向线条的斜度分析

三大横向线条，即肩线、腰线与臀线，肩、腰、臀的斜度概括了躯干的基本动态特征。由于肩线高低连接，并且会影响手臂的状态，所以是重点强调的线形。胸线的斜度常与肩线的斜度类似，所以在此处并没有作为构成关键线条的重点。三大线条常以一定的斜度呈现，这是服装人体的动态特征。当三线平行时，人体呈正面静止状态，夹角的斜度越大，则躯干扭度的程度就越强。

2）重心线分析

重心线即从重心点至地面的垂线。无论人物的动态有多么夸张，在非失重状态下，重心线永远存在且与地面垂直。重心线是动态人体中重要的辅助线条，也是这一动态是否具有合理性的依据。处于站立状态时，重心线从人体的第七颈椎与前颈窝处开始向下，这是确立单腿承重状态下承重腿所处位置的依据。

3）中心线分析

中心线包含面部中心线与躯干中心线。动态人体的面部中心线起于发际线正中间，止于下颌骨中心，决定了整个动态中人物头部的朝向与俯仰度。躯干的中心线起于身体的前颈窝处，经过胸骨柄正中间、腰线中心与脐部，止于人体躯干的耻骨联合。躯干中心线能够确立人体躯干的朝向及胸腔与盆腔的扭转角度，进而确立着装服饰的门襟部位。动态中，中心线并不与重心线重合，中心线的确立明确了横向三线的透视关系，并能最终确定其左右的透视长度。

4）结构线分析

服装人体动态结构线分析，包含前、后公主线，侧缝线，领围线及袖圈线。领围线是颈部与躯干的交界线，经过前颈窝点，左、右颈侧点至后颈第七颈椎处。领围线的确立，表明了颈部至躯干的朝向转折。袖圈线指躯干与手臂根部的交界线，袖圈线是手臂上部宽度与肩部总宽度的分割线，起点从肩骨末端点向下，其前与胸宽近似稍向外，其后与背宽近似稍向外。领部颈侧点至肩部袖圈取1/2处为肩部公主线的起点，至胸高点向下，取侧缝至腰中心线1/2稍向内处，以及臀中心线至侧缝1/2处，三点的连线即为前公主线。前公主线的确立，表明了躯干部位胸宽至腋下两侧的类六面体转折，是服饰主要省道的设计区域，在服装人体的动态表现中强调了体积感、厚度及胸腰臀的曲线起伏。

3. 动态分析法的具体步骤

对多变的动态进行分析并夸张与还原，遵循着一定的步骤式推演。

（1）首先针对选好的某一动态参考照片，在打好的比例格上，按之前讲授的长度确定头的中心线朝向，并依照中心线朝向，按透视近大远小、近长远短的原则，确定面部宽度。

（2）在面部宽度确定之后，在下颌角靠后的位置即耳下方处，确定脖子的宽度，将脖子下部也就是颈窝点找好，确定脖子的朝向。颈窝点非常重要，它指明了胸骨柄的上端位置，暗示了胸腔的朝向。

（3）在颈窝点处，对肩线的斜度进行确定，如果存在透视，依然要遵循近长远短的原则。

（4）确定腰线的斜度及中心线的倒向，当人物站立并有一定动态时，前中心线也存在一定纵向的斜度。确定臀线的斜度，并完成前中心线的下半部分。前中心线以腰线为分界，上、下存在夹角的微妙变化，这是由胸部前挺、臀部后翘决定的。三大斜线应有所夸张，稍微加大角度，以凸显动态。

（5）确定腰线与臀线的宽度，对比参考图片，观察是否有一点夸张地将其动态还原出来，如确定无误，开始确立躯干部胸腰臀的厚度转折。

（6）依厚度及转折位置确定胸围线，在非正面与非背面角度中，胸围线总是存在起伏。明确视平线在腰部时，胸围线向下弯曲。

（7）确定上肢的动态，依比例绘出骨骼部位的形态。

（8）确定重心线，并画出承重腿，如果是分腿站立，则直接进入第（9）步。腿部依然用骨骼的形态表达，并注意重心点落于脚踝的内侧。

（9）对比参考图片，逐一比对以上步骤的正确性，如无误，则适度夸张腿部的开合角度。

（10）加入体块的表现，对比图片资料，在调整之后依次加入领围线、袖圈线、侧缝与公主线。

（11）进行人物面部、手脚的细节描绘，动态分析完成。（见图 2-101）

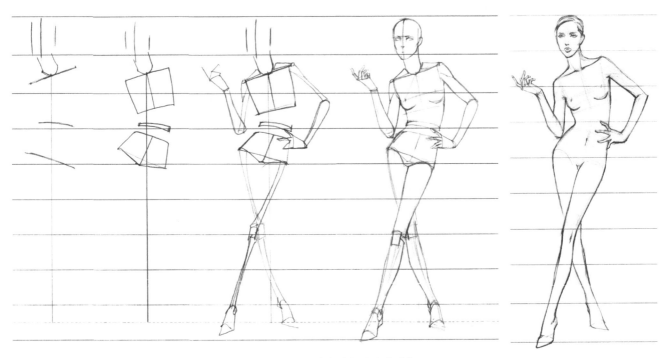

图 2-101　动态分析法步骤分解

2.4.2　服装人体动态表现

服装人体的动态表现以站立的正面及 3/4 侧面这两种角度为主，因其注重服饰物的表现，故动态在躯干俯仰度上并未做过多要求。服装人体的动态按风格主要分为传统庄重型与年轻不平衡型，按结构走向则分为开放式动态、闭合式动态、夸张式动态及常用的 T 台步态。

1. 开放式动态

开放式动态是常用的服装人体动态，以躯干伸展、四肢打开为主，能够充分表现服饰的主要设计细节与特征。（见图 2-102、图 2-103）

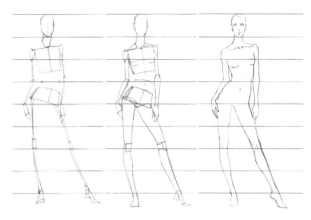

图 2-102　开放式动态绘制步骤 1　　　　　　　　图 2-103　开放式动态绘制步骤 2

2. 闭合式动态

以四肢向身体靠拢或肩部内收、躯干向内呈弓形为主，常见的如两手抱胸、两臂紧贴身体、双腿交叉弯腰，均属于闭合式动态。闭合式动态常用于表达颈肩部的不平衡设计或背部与侧部的设计表现，有时也用于表现服饰颓废、消极的着装面貌。（见图 2-104）

3. 夸张式动态

夸张式动态，常用于 T 台秀场的前场定格，其曲线感及四肢打开程度或视觉的不平衡性较开放式动态更强，常用于时尚插画及个性化服饰的表现。（见图 2-105）

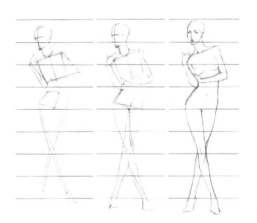

图 2-104　闭合式动态绘制步骤

图 2-105　夸张式动态绘制步骤

4. T 台步态

T 台步态也是服装画表现的主要姿势，躯干的扭动与下肢的透视前后关系是其重点，T 台步态尤其要注意重心线的表达，中心线与重心线并不重叠是其绘制重点。（见图 2-106）

2.4.3　服装人体常用动态模板

基于四大类动态分析步骤增加了较为丰富的动态模板，方便读者按其所需进行服装效果图的前期准备与多人体系列化设计的排列与布局参考。

服装人体的动态学习是一个相对较长的练习过程，想要完全

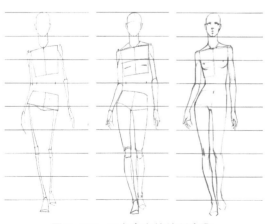

图 2-106　T 台步态的绘制步骤

掌握这一动态分析方式，并化为己用，是建立在反复的实践练习基础之上的。（见图 2-107 至图 2-118）

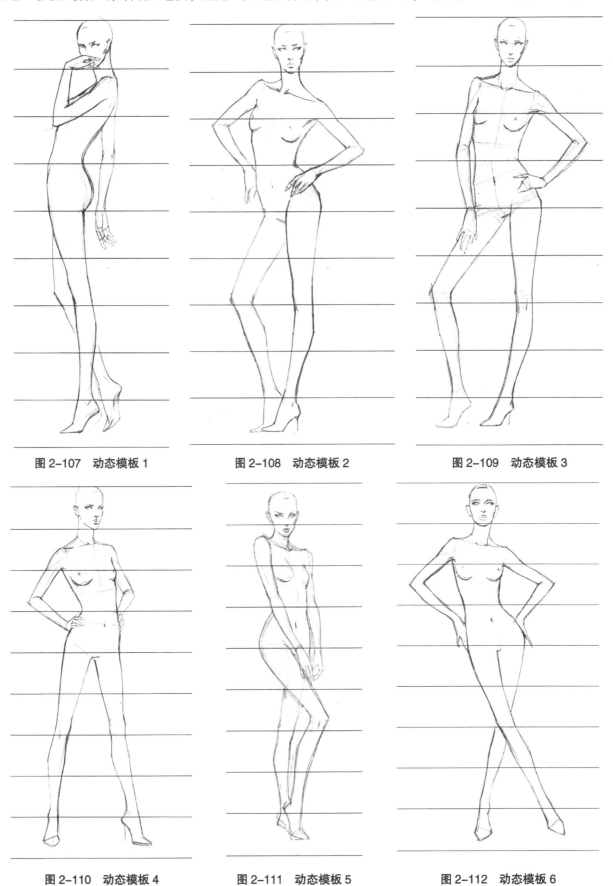

图 2-107 动态模板 1　　　　图 2-108 动态模板 2　　　　图 2-109 动态模板 3

图 2-110 动态模板 4　　　　图 2-111 动态模板 5　　　　图 2-112 动态模板 6

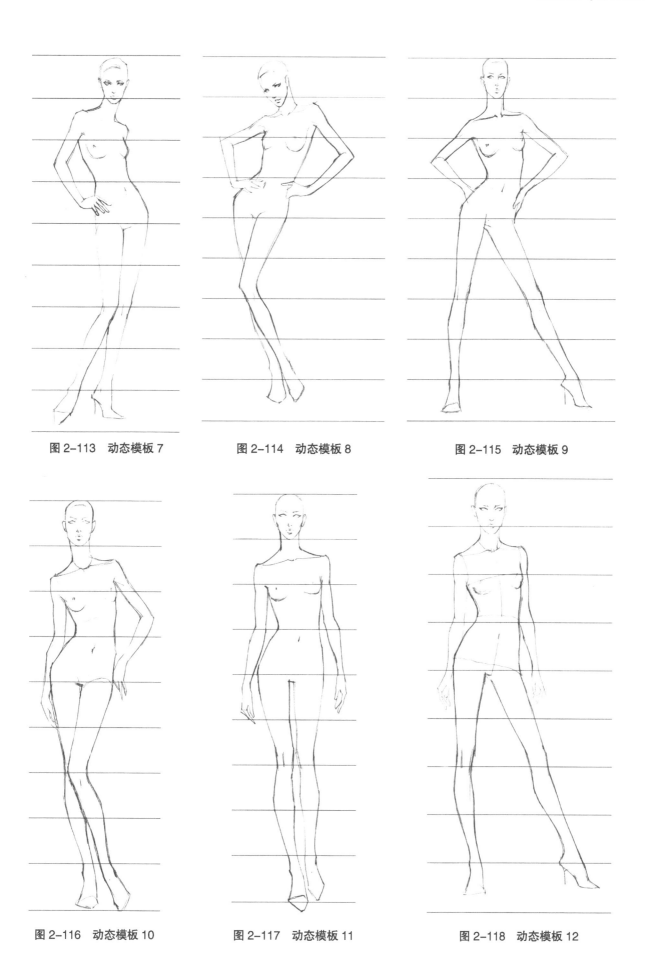

图 2-113　动态模板 7

图 2-114　动态模板 8

图 2-115　动态模板 9

图 2-116　动态模板 10

图 2-117　动态模板 11

图 2-118　动态模板 12

第三部分
服饰表现
FUSHI BIAOXIAN

图 3-1　服装效果图

服装效果图如图 3-1 所示。

基本内容及重难点

本部分主要组成章节为服装与人体的空间关系、服装平面款式图、特殊工艺的线性表达及服装人体的着装效果四大板块。其中第一节服装与人体的空间关系主要讨论的是服装平面与着装效果的差异，重在明确及强调在松量、支撑点的影响之下，衣纹产生的原理与形态，明确和树立服装立体化的设计观念与服饰廓形设计在先的设计理念。第二节的服装平面款式图是本教程的重要构成部分，对设计构想的实现起到了决定性的导向作用，也是服饰着装绘画的先期导入内容，服装平面款式图的绘制存在工艺性要求，故对其绘制水平的要求较高。第三节特殊工艺的线性表达，讲授了服饰装饰及设计细节的线性表达方式，为服饰上色技法提供造型上的铺垫。第四节服装人体的着装效果是第一节内容的总和呈现和进阶部分，也是服装上色技法的线稿基础，是重要的阶段性过渡内容。

服装平面款式图是本部分的重点，第一节和末节是本部分的难点。

表现形式

以黑白线稿与灰阶线面结合的方式表现，从线条到灰阶的导入有助于由易至难地为后期的上色技法进行渐进式铺垫。

学习目标

了解人体与服饰物的空间关系，掌握以人台模板绘制法为基础的服装平面款式图绘制方法，掌握服饰装饰工艺与细节的表现方式，熟悉并掌握服装效果图线稿的绘制步骤与方法。

3.1
服装与人体的空间关系

服装作为人体的表面包裹与覆盖物，常被称为人体的第二肌肤。其空间关系受人体形态、面料的特征（张力、挺度、厚度）、合体度、服饰造型和廓形等多因素影响，以上影响因素是分析服装与人体空间关系的重要依据。服装与人体的空间关系是初学者容易忽略的一个重点，本节导入了人台模板的相关知识，将布料的平面化视觉效果过渡到以人台为基础的立体化着装形态上，着力培养读者六面体观念的绘画与设计意识，并进一步地提出了服装廓形概念，有助于读者廓形在先、细节随后的设计构思习惯的养成。本节的后两个知识节点讲解了松量的定义及体现，是廓形在服饰上的具体内空间呈现方式，末知识节点为本节的重点，即服饰的支撑面与支撑点，该内容是建立在由于不同着装形式产生的相关衣纹原理上的，是服饰主要衣纹的产生原理，为后期的服装平面款式图及设计细节表现做好前期的知识铺垫。

3.1.1　服装人台模板的导入

将服装人台模板导入服饰内空间，是为了更为直观地展示与明确服装与人体在不同位置区域的贴合程度，进而了解平面化造型及衣片在人体上的呈现规律，以及相关辅助线形对于服装款型的具体作用与影响。

1. 服装人台模板的定义

服装人台模板是从正面角度对人台及相关结构线进行绘制与标注，并将其缩小为固定合用的尺寸，是服装平面款式图绘图的辅助工具，人台是按人体比例进行适度简化与美化曲线，并由玻璃钢及外包裹的海绵与坯布制作而形成的模型体，用于设计、教学与生产。常用的人台分为：制衣用工业人台、展示人台、立裁用人台。服装人台模板参考对象为立裁用人台，是不加放松量的净尺寸人台。

2. 服装人台模板导入的意义

人台模板的导入，有助于在简化人体的基础上，专致地理解与表现服饰款式特征及结构，更好地理解廓形在人体上的立体化呈现形式，对于结构线、省道的转折提供直观存在依据，为服饰边缘与人体的影调提供相关的引导性说明，从而强调服饰物的体感特征，进而树立与培养学习者立体化的观察方式。（见图3-2、图3-3）

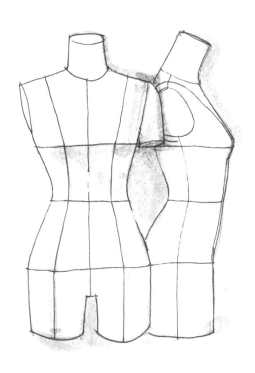 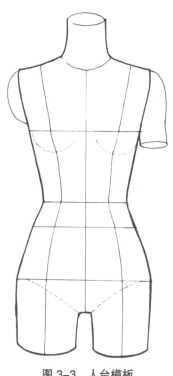

图3-2　服装人台的形态　　　　　　　　　图3-3　人台模板

3.1.2　服装平面化与立体化理解方式的转化

服装由平面化的面料构成，其平面展开与立体着装的形态存在很大的视觉差异。初学者往往会无法完全理解这种差异性并进行相应转化，进而在服装画表现上出现服饰过于宽大，缺少让人信服的着装支撑效果，如同纸板一般过于平面化，或服饰过于紧缩，缺乏服饰材质肌理的表现等情况。将这些服装画用于服饰设计中，则会出现结构布置不合理或设计域过窄等问题。在现实生活中，我们常会遇见有的衣服平放在那里，感觉设计空泛、宽大，但穿上又会觉得舒适合体，设计装饰量适中。以上现象的产生，均是服饰平面化向立体化转换的把握失当造成的。

1. 服装平面裁剪概念运用于人台的直观体现

服装平面裁剪与立体化裁剪的视觉效果的差别，可以简单理解为一个压扁了的六面体盒子与立体化盒子的视觉差别。人体存在于三维状态中，不但具有长、高，还具有厚薄不一的深度。服装形态会依据这一深度发生改变。有些部位如肋下、腋下会消失在视觉之中。此处列举了简单衬衣领、一片袖、两片袖与原形前片在立裁上的造型，请体会平面与立体的视觉效果，并关注其变化规律。首先应当明确的是，平面与立体转变的规律是由柱状的人体转折造成的，无伸缩弹性的面料，只有通过折叠、展开、加入楔状布片的形式，才能产生曲面效果。

2. 服装人体六面体观念的培养、省道的概念

如果将一块布由左至右围绕人体，会形成圆柱状。为了更好地贴合人体表面的结构性起伏，则需要在布料上增加省道，通过对布料进行折叠与捏褶，使布料形成凹与凸的立体化形态。面料折叠量大，则这一区域凹陷，旁边的区域相对则凸立起来。这个折叠重合的宽度称为省量。省道由放量与缩量形成，构成了面料造型的高点与低点。在服装人体造型中，常将由肩内侧 1/2 至前文所提的两边公主线内侧看作是服装的正面区域，外侧至侧缝是服装的前侧区域，后部也是如此。以此将人体分成了六个面。有时也会在侧部加注胸宽线与背宽线。这样制作与设计出的服饰箱状结构更强。前后公主线与侧缝线构成了服装人体六面体的重要转折，设计也围绕在正面及公主线区域展开。相对而言，侧缝区域由于被手臂遮挡，并非设计的重点区域。明确服装人体的六面体特征与概念，有助于将单纯的正反面两个区域进行结构性的细分，从而在一定程度上拓展了设计的区域，使设计物的布局更加具有针对性。在服装画表现上也明确了躯干部透视的转折面，利于服饰物的合理化表现。（见图 3-4、图 3-5）

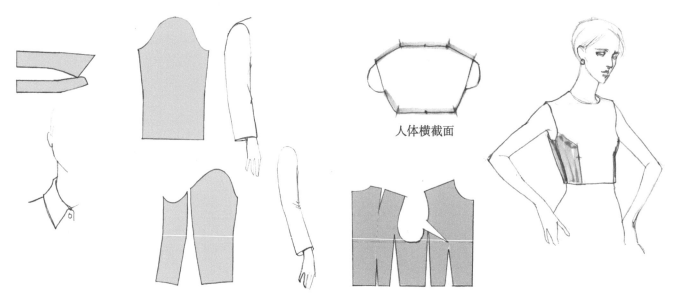

人体横截面

图 3-4　领与袖平面裁剪图与着装状态的差异　　　　　图 3-5　服装原型平面裁剪图与着装效果对比

3. 服装廓形的概念

廓形是对服装款式特征的概括，其观念产生于 20 世纪 50 年代，发展至今，廓形成为了服饰造型的首要构成要素。廓形即服装外形的概括描述，与色彩一样，都是服装的第一眼特征。廓形主要按正和侧的外观轮廓分为 A、H、T、Y、O、X 等字母表述的形式，又依据这些字母化形态进行变体划分，如 O 型由气球型又可变形拓展为郁金香式或茧式。服装的款式建立于廓形外框的具体组合与风格之中，是对款型的丰富与填充，所以在设计及表现的时候均采用廓形在先、款式随后跟进的原则。廓形与服装的内空间关系极为密切，廓形越大则内空间越大。廓形越窄则服饰更为贴体。

明确廓形的概念，有助于整体化地把握服饰的特征，控制好服饰绘画对象的主次。（见图 3-6）

图 3-6　A、Y、O 廓形的特征

3.1.3　服装的松量

　　人体由于存在呼吸胸廓的收缩、动态中皮肤与肌肉的伸展，因而总是有着体表伸与缩的变化。服装为了符合这些生理及动态需求，需要加入一定的宽松度，这一宽松度即为服饰的松量，也称放松量。事实上，松量是由运动量及生理舒适量与造型松量共同组成的。松量是服饰穿着舒适的基础，也是设计造型得以确立的根本。服饰的松量也在一定程度上影响了服饰衣纹的产生，当人体呼吸、下蹲、坐立时，胸围、腰围、臀围都会产生出相应的围度变化，在无弹性面料状态中，无松量的服饰是不存在的。了解与明确服饰松量的定义与规律，有助于控制好服装与人体的空间关系，展现出张弛有度的着装状态。服饰松量的具体表现分为上装松量与下装松量。（见图 3-7）

图 3-7　服装与人体的内空间状态

1. 上装松量

领口部位的松量主要体现在前颈窝点及两侧颈侧点，便于颈部的向前与左右旋转。过紧的领口，既不利于活动，也会影响呼吸。

肩部的松量由服装造型决定，宽松的服饰肩线下落，有垫肩的外套，要考虑适当地加入一定高度。肩部松量的变化主要体现在肩的外 1/2 处。

袖围的松量主要体现在袖圈处及腋下处。袖圈不宜表现过紧，会直接影响袖型的变化。一般来说袖圈底端位置越下，则袖子根部越宽松，袖子上部也越宽大。袖圈底端离腋下越近，则袖子越窄、越紧，但这个位置不宜高于胸围线。袖口也存在松量，在无弹性面料造型中，袖口的宽度要设定为不窄于手掌，否则无法穿脱。

胸围线的松量是上装松量的重点，胸、腰、臀的松量是构成服饰造型的关键。在无弹性面料的前提下，胸围也要加入不少于一掌宽度的松量，否则无法正常呼吸。在强调女性化曲线的 X 型服饰表现中，常采用束腰的形式收紧腰部，以强调胸、腰、臀的宽度比，但在常规女上装中，腰部也应加入少量的松量。服饰臀部的松量是表现服饰下摆宽度的依据，尤其是 A 型或 H 型上衣，应当加入并强调下摆与身体的空间距离。（见图 3-8）

2. 下装松量

裙装松量主要体现在腰臀部收紧状态下下摆打开的形态。摆度越大则离腿部越远。一步裙或半步裙的表现尤其要注意下摆松量的合理性，过紧则缺乏移动步伐的可能，过松则无法保证服饰造型特征的体现。

裤装的松量较裙装更为复杂，相比上装的腰臀差，裤装的腰臀差更为明显。裤装的臀部松量受前后裆造型松量的影响较大，前后裆越放松，则臀部松量也相应越大，大腿的松度也跟着变大。女士裤装中常见的低腰线浅裆裤设计，在表现时，腹股沟处是松量衣褶的重点表现区域。裤腿在无弹性面料的前提下，不宜绘制得过于紧贴人体，否则会影响材质与衣纹的表现，这是初学者要引起注意的。（见图 3-9）

图 3-8　服装的上装松量　　　　　　　　　　图 3-9　服装的下装松量

3.1.4　服饰的支撑点及衣纹产生的原理

服饰的支撑面与支撑点即穿着时与人体皮肤最为贴近处，是服饰物的承力点。服饰的支撑面与支撑点受穿着方式影响，也是产生衣纹的关键所在。一般情况下，服饰的支撑面位于人体肩后部斜方肌上方与人体的前胸处，支撑点一般处于人体的重要骨点与结构高点处。明确服饰支撑点与支撑面的概念及规律，能够合理地分析出重要衣纹的产生与走向。明确服饰着装状态下的受光面与高光区域，对于上色的色阶表现影响意义极为重大。

1. 服装常用穿着方式的分类

前扣式、缠绕式、披挂式、垂吊式、套头式为服装的常见穿着方式。前扣式即左右门襟的扣合，是上装外套的主要固定形式；缠绕式是在立体裁剪基础上对布料进行旋转缠绕，多见于晚装礼服的设计，此类型服饰衣纹褶皱变化最为丰富；披挂式主要是将服饰物披于肩头，此类服饰以斗篷式大型披肩为主，古典式服饰也有相当大一部分采用披挂的形式，松量在下摆处较多，线条多采用少量长而直的线性表述；垂吊式多见于内衣式服饰，以吊带为主，前胸与肩部用细线连接，将服饰垂挂于人体之上，较披挂式服饰轻薄，线形也更为自由、轻盈；套头式多以弹性材质针织、编织为主，是休闲服饰的主要穿着方式。（见图3-10）

图 3-10　服装常见的穿着方式

2. 支撑点与服饰表面褶纹产生的关系及原理

服饰支撑点，也称为服饰的受力点，是支撑服饰重量的关键节点。如果将支撑面看作光影状态下受光面所处区域，支撑点则是受光面中的高光区域所在。支撑点由人体体表结构转折的高点与骨点决定。站立状态下服饰的支撑点出现在肩骨末端点、胸高点、肩胛骨上缘、臀部大转子、骨盆上缘以及臀部高点等区域。服饰表面的重要衣纹褶皱常围绕着以上区域呈放射状，以凹点的走向为导向依次展开。这些重要的支撑点在松量适度的情况下表面是不会产生褶纹的，这是绘制时的主要规律。褶皱是由面料的堆积形成的，每一条褶皱都有一个起点和消失点，通常褶皱会以支撑点为起始，堆集在凹陷处。凸与凹是在相互比较中产生的，当面料受力时，面料张挺，其他部位会依据受力区域产生方向类似的次要褶皱，这是服饰衣纹走向的主要特征之一。（见图3-11）

3. 服饰常见褶纹的归类与表现

此处呈现的是以一般厚度为主的无弹性面料的衣纹处理，如果面料弹性大且薄，则可多加细纹，如果面料厚且张挺，则在保留主要衣纹的同时削弱次要衣纹。服饰衣纹的主要区域，围绕在支撑点与支撑面处产生，大体上存在于腋下、胸部附近、腹股沟、肘部、膝盖等区域。通常一条主要衣纹的附近会有许多细小的次要衣纹，服饰衣纹的走向与排列形式是其观察的重点，本知识节点列举了相关主要衣纹的表现，以供借鉴。（见图3-12）

图 3-11　衣纹产生的主要原理　　　　图 3-12　服饰的常见衣纹褶皱

3.2

服装平面款式图

服装人体、服装平面款式图与服装效果图构成了服装画教程的三大重要知识板块。服装平面款式图是服装人体向着装状态的过渡，本节关注着装状态下服饰的款式及工艺细节表现。本节由服装平面款式图的定义与作用、人台模板绘制法的介绍、款式图的绘制形式及绘制要求为主，采用先理论后实践的列举式讲授方式，步骤化地引导读者进入款式图的整个绘制流程。本节的重点为款式图绘制的具体方法与注意事项，本节针对实践教学中出现的普遍性问题，总结了七类绘制的关注点，便于读者在绘制过程中审视绘图的合理性与正确度。本节的绘制需要提前准备人台模板，具体的制作形式与方法可参考本章人台模板的制作方式。

3.2.1 服装平面款式图的定义与作用

本知识节点讲授服装平面款式图的定义、作用与价值，以及服装平面款式图的几种常见表现形式。

1. 定义

服装类的绘画形式主要分为服装设计草图、服装平面款式图与服装效果图。服装设计草图常带有许多不确定因素，服装效果图关注服饰及穿着者风貌的表达。服装平面款式图介于二者之间，是服装款式、比例、结构、省道缝制方式的清晰化表达，其宽度与长度比值最接近实际人体，是非夸张变形的设计图纸化表现。服装平面款式图，主要通过粗细不一、精确简洁的线条，说明服装各部位结构特征，即领、袖、口袋、分割线、省道等的比例宽度和位置大小。有时还会针对局部细节进行详细的文字性说明与工艺制作要点的注释，一目了然的图纸化是款式图的主要特征。

2. 作用

服装平面款式图相对于草图具有比例细节的清晰化，相对于效果图又完善了具体角度的表现不足。对于设计流程而言，服装平面款式图是设计与实物制作，即制版与缝制的连接式导向说明。在时尚产业中，能将设计团队的设计意识及要求明确传达给制版人员与车缝人员，是设计与生产的有效沟通。服装平面款式图是设计师必备的基本技能，合格的服装平面款式图可以将服饰设计特征与各部位比例准确无误地进行表述，确保服饰制作的最佳还原度。对于精度与比例的高要求，决定了服装平面款式图更像一个设计的说明书，因此在绘制时要格外注重比例及线条。

3. 常见的表现形式

服装平面款式图的表现分为手绘与软件绘制。软件绘制精度高，但绘制时需要操作者具备一定的手绘基础，因此服装平面款式图的手绘形式是入门阶段的学习内容。

服装平面款式图手绘的形式分为平面化与半立体化两种。平面化的款式图即将服饰完全平面展开，近似于夹在两个玻璃板中的形态，是工厂制衣的主要表现方式。半立体化平面款式图常用于设计中，在服装产业中以趋势分析与预测的表现为主。半立体化的着装效果是本书所表达的主要方向，这种效果视觉审美度较高，便于初学者向着装人体知识点过渡。（见图3-13）

图 3-13　半立体形态的服装平面款式图

3.2.2　人台模板绘制法的定义与作用

人台模板绘制法是在依据教学中常见的主要问题，并总结个人教学经验的基础上，经过一定时间的教学实验，按反馈结果调整并改良的平面款式图绘制方式。

人台模板的制作

人台模板由硬卡纸或半透明的 PVC 塑料薄板制作而成。将本书随附的人台模板（见图 3-3）用拷贝纸拷贝并转印于卡纸或 PVC 板之上，用防水笔或油漆笔按线条的粗细不同，将人台模板的外框线、重要的标志线与结构线小心地绘制于卡纸或 PVC 板之上，再用剪刀以保留外形线为基准小心地剪下来，按模板标注在相应处打上细小的 V 型剪口，方便平面款式图绘制时辅助线的表达。（见图 3-14）

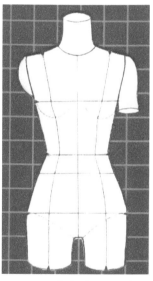

图 3-14　人台模板实物卡片

1. 人体模板绘制法的具体实现形式

将人台模板作为平面款式图绘制的重要造型比例及结构线的辅助参考，以铅笔稿的形式存在于画面之上，是确立服装外部廓形大小、结构组成、部件位置比例结构、省道与门襟和袋盖布置的重要参考依据。完成后，将铅笔辅助线条擦除，进而快速准确地获得大小比例一致的服装平面款式图。

2. 人台模板绘制法作用于系列化平面款式图的意义与价值

系列化平面款式图的绘制具有批量化、大小等同、风格一致等要求，在许多初学者看来，批量绘制比例大小近似的服装平面款式图是一件耗时耗力的难题。人台模板的同一复制与辅助性很好地解决了这一问题，模板的形态也在一定程度上规避了造型薄弱的问题。这一方法的适用性使其越来越多地在相关教程中得以进一步推广。

3.2.3　人台模板绘制法步骤详解

可以先找出一张款式的参考图片，用笔大致标注图片中人物的三围线、前中心线、公主线、领圈线与袖圈线，注意服饰在人体上的宽松度、具体的衣长袖长、领口的止点及领面宽、中心线与公主线的左右间距、扣子更加靠近三围线中的哪一根等，这一步骤是了解服饰造型特征的过程，绝不可省略。

在纸上将人台模板用极细的硬性铅笔小心沿边缘描摹下来，并在关键辅助线的剪口处做上标记。

移开人台模板，在标记处画上相关重要参考辅助线。

　　从服饰的领口处开始确定领子的高度、离脖子根部的距离及领面的宽度，观察并确定服饰肩线与人台肩线的高度差别，服饰是否有垫肩、服饰肩部是否加宽、肩线是否向下弯曲，并最终确定肩线外侧的止点。从肩线止点向下（此时一定要加上手臂的宽度）至手臂手肘处，也就是人台模板的腰围线处，确定袖子上半部的宽松度，观察袖口的宽窄与袖口具体位置，并确定整个袖子的长度。

　　观察并确定中心线处门襟的位置及领子结束的区域。

　　依服装的松紧度确定胸、腰、臀的宽度，观察下摆与臀线的距离，确定衣服的长度。

　　最后按袖圈线、公主线确定服装的袖缝线以及衣身的省道，将其作为口袋、扣子的参考并依次予以确立。

　　全部比例确定无误后，用较粗的勾线笔画出服饰的外廓形，用更粗的勾线笔加重、加粗袖口下摆及门襟重叠部分的阴影，用较细的勾线笔画出结构线，用最细的勾线笔以虚线的形式画出服饰的缝线，有双缝线时，要画出平行的双虚线，并适当加重扣子的下方阴影强调其体积。最后用最细的勾线笔在胸部下方、手肘前方加上简单的衣纹。在画面干燥后用橡皮小心地去除铅笔稿，平面款式图即绘制完成。

1. 女式小西服的平面款式图绘制步骤

　　女士小西服的绘制中，需要重点观察领部驳领的造型、领腰高及领面的宽度、是否为两片袖、衣服是否收腰、腰线是否提高、门襟的重叠量和扣子的数目及具体位置、省道造型有多少、是否处于公主线、省道是否贯穿衣身等。（见图3-15）

图3-15　女式小西服平面款式图的绘制步骤

2. 女式衬衣的平面款式图表现

　　女士衬衣的绘制要点：衬衣领面大小、与颈侧点的距离、领腰的高低、袖子是否宽松、袖圈线的低点是否在胸围线下、袖口是否收紧，是否有袖牌设计、有几个袖扣、衣身是否宽松、腰部省道与胸部省道的位置、门襟及扣子的位置与造型、衣长等。（见图3-16）

3. 女式外套的平面款式图表现

　　女士外套的绘制要点：在女士小西服的基础上，加入对外套廓形外观的观察，确立服装的松量与袖长、衣长，同时也要注意缝线的特征。（见图3-17）

4. 连衣裙平面款式图表现

　　连衣裙的绘制，上部分与女衬衣相同，但要考虑裙下摆的长度及下摆的宽度、是否有分割线及装饰物。（见图3-18）

图 3-16　女式衬衣平面款式图

图 3-17　女式外套平面款式图

5. 女式裤装平面款式图表现

女士裤装的绘制要点：观察腰线是否处于人体腰线处，是低腰、中腰还是高腰，裆部的宽松度。（见图 3-19）

图 3-18　连衣裙平面款式图

图 3-19　女式裤装平面款式图

3.2.4　服装平面款式图的画面要求

平面款式图是对服饰特征及制作工艺精确性的说明式绘图，故画面要求整洁清晰、比例适当无夸张。

1. 干净并明确的线条

平面款式图应以粗细不一的勾线笔绘制出的实线与虚线为主，画面应不存在辅助线条的干扰，明确的线条有助于结构线与缝线的区分与表达，外廓形的粗线是为了凸显外形特征。

2. 比例大小一致

在系列化设计中，各平面款式图的比例大小应一致。同时服饰的领、袖各部位的比例关系，也应建立在写实的原则之上并保持一致，除非设计时突出重点款式，否则各款式的大小应均一化排列。

3. 适当的影调加入

适当的影调加入有助于更好地表现服饰面料的厚度与服装的体积感，是一种辅助性表现手段。

3.2.5 服装平面款式图绘制的注意事项

以下针对教学过程中出现的普遍性问题汇总成几个关注重点，为了更好地确保服装平面款式图的合理性，请初学者牢记以下几点，并在绘制过程中依此进行阶段性检查。

1. 左右对称性

平面款式图对于左右对称性要求严格，绘画的随意性及双眼视力的左右差异很容易导致画面左右大小不一，可采用左右对折翻转拷贝的形式加以解决。拷贝可以最大化地保证左右宽度与斜度的对称性。

2. 领口、袖口、下摆的边缘厚度与转折关系

要明确领部、袖部及下摆的圆柱体内转形态。内向的转折是有一定圆润的弧线的，常规的视平线处于腰节线处，故下摆应向上弯曲，而领口与袖口均向前弯曲，所以会看到袖口及领口的内侧。面料本身具有一定的厚度，服装的边缘会采用折边的方式，故而会更厚一些。请务必关注并绘制出边缘的厚度及下方的阴影。

3. 门襟设计的合理性

门襟的绘制要注意其重叠量，即叠门的宽度。太窄的叠门不具备实用性功能，较宽的叠门则要采用双排扣的设计才能确保其结构的稳定性。门襟处受力的扣眼方向一般是横向的，装饰用扣眼采用纵向形式。扣眼的绘制宽度要稍大于扣子的宽度。正式的男装左衣襟在右衣襟之上，纽扣从右扣，女装则相反，这是初学者要注意的。

4. 衣袋位置与方向的合理性

常规外套的衣袋应处于腰线之下、臀线附近。当口袋倾斜时应符合手部的朝向。

5. 服饰松量的合理性

除非弹力极强的紧身衣，一般衣料的服饰均会在领口、胸、腰、臀、袖处加入适当的松量，这也是衣纹产生的重要因素之一。

6. 可开合结构的说明性表达

当服装的设计出现如下侧开口等可开合结构时，需要在对称的形态下取一边将其绘制成撩起的状态，并配以一个转向箭头或文字说明加以标注。

7. 结构线与省道是否处于合理的位置（服装结构的合理性）

人台模板的结构线标志是服饰结构线与省道的参考依据，省道的主要目的是为了更好地将面料进行凹凸化造型处理，以贴合人体体表特征。当绘制合体的外套时，必须要注明相关的省道，且胸省与胸高点要保持一定且较小的距离。

3.3
特殊工艺的线性表达

本章主要讲授的内容为以服饰表面装饰物、边缘处理及各种变化褶为主的线条化描绘方式。服装除了具备遮体与保暖的生理着装需求外，还具备装饰美化的特征，这就是服饰的可穿着性与装饰性。装饰的目的是增加服饰的美感，进而强化服饰设计的风格化。服饰装饰尤其是以面料改造为主的表面装饰，成为了近阶段服饰设计的主流趋势。装饰物的线性化表达需要具备一定的绘画基础，本节主要讲解其绘制的步骤与观察方式，并在绘制完成阶段附以灰阶色稿，作为后期上色的知识铺垫。

本节的难点为第三知识节点褶类的表现，探讨了各种常用褶的形态，有助于读者进行设计的丰富化表现。

3.3.1　装饰工艺的线性表达

装饰工艺，主要是运用刺绣、热压、烫金、嵌缝、钉缝等方式，将装饰物附着于面料表面，通过不同的排列形式，产生服饰华丽的美感。（见图3-20）装饰工艺的堆积高低起伏排列，既有散落式无规则的，也有图案化有规则的。在设计中常将一些装饰性元素看作点，按点的排列构成形式进行处理。本节按装饰物元素的大小、高低，依次讲授钉珠、镶嵌物与亮片、蝴蝶结、立体花饰及袢扣绳结的表现。事实上服饰的装饰物与运用范围极为广阔，此处仅针对常用物进行列举。

1. 钉珠工艺

钉珠由玻璃与树脂构成，是装饰物的最基本元素。设计中常将珠子与其他织物结合运用。珠子主要分为圆珠、管珠及异型珠，采用连缀散落的形式排列。（见图3-21）

2. 镶嵌物与亮片

镶嵌物以玻璃、树脂及人造水晶组成的手缝钻、爪钻与手缝宝石为主。亮片是由塑料或树脂薄片制成的圆形、方形或异形的小片，镶嵌物与亮片构成了装饰材料的高光区域，相比钉珠体积更大、高度更高。亮片的排列有平铺的鱼鳞形，也有竖立结构。（见图3-22）

图3-20　特殊工艺的表现

图3-21　钉珠工艺

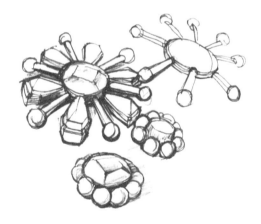

图3-22　镶嵌物与亮片

3. 蝴蝶结

蝴蝶结也是服饰的常见装饰物，体积变化较大，常用于发饰以及裙装的设计，一般用缎带等表面富于光泽且较厚的材质制成。蝴蝶结的绘制应注重其外形的完整性，用较粗的笔勾画出外形，再用较细的笔画出内部的结构与附近的细小褶纹。（见图3-23）

4. 立体花饰

立体花饰又称为人造花，是采用铁丝、珠片、丝带、纱带及镶嵌物依据植物花卉形态进行仿真或抽象夸张的装饰物。立体花饰的模仿对象以玫瑰、郁金香、茶花、百合、铃兰、梅花为主，立体花饰是当前女装设计的主流装饰元素。在绘制时应注意花瓣的组合规律，并强调花头的高体积感。（见图3-24）

5. 袢扣绳结

扣子处的绘制要注意表面缝线及扣子的厚度。袢带主要为粘合袢带与扣袢带，粘合袢带要注意绘制表面的缝迹线，扣袢带要注意绘制扣框、扣眼及扣鼻的表现。绳带类，要注意编结的形态与排列，绳结要仔细绘制出其扣结走向，并明确结的体积感。（见图3-25）

图3-23　蝴蝶结　　　　　图3-24　立体花饰　　　　　图3-25　袢扣绳结

3.3.2　服饰边缘处理方式的线性表达

服饰的边缘是装饰的主要区域。在廓形的影响下进行边缘化装饰，可强调边缘的视觉效果，进而展现出服饰边缘的层叠感与体积感。边缘化装饰的主要形式有荷叶边、花边、毛边和流苏。

图3-26　荷叶边

1. 荷叶边

与蝴蝶结一样，荷叶边代表着女性柔美而浪漫的气质，是服装的主流装饰元素。设计时常注重其曲线化的线性特征。荷叶边的形态受面料的影响较大，同样规格大小的荷叶边，选用厚型面料会呈现出圆润的曲线效果，选用硬挺面料会产生出挺廓感，选用薄软材料则会出现垂褶，这是绘制时要格外注意的。（见图3-26）

1）荷叶边的原理与造型规律

荷叶边是将布裁成圆弧型布条或在面料上旋转裁剪，其内边小于外边，再将内边抽摺或折叠进而缝合于衣身的装饰性结构。内短外长、内部收缩抽褶、外部线条波浪起伏是其形态特征。（见图3-27）荷叶边的排列用于服饰边缘装饰，有时多层的荷叶边紧密排列，会形成一个整体化的肌理效果。

2）荷叶边的表现步骤

荷叶边的绘制首先应确定其宽度，与缝合处保持距离画出外边的连贯性起伏线条，这条线最好不要断开，再画出纵向褶纹，褶纹应首先画出与线条起伏相对应的主要纵褶，并将外沿转折向下的线条一并画出，最后在缝合处画上更短、更为细密、有松有紧的一簇簇短小细线，以表达出缝合处的抽褶效果。（见图3-28）

3）荷叶边的不同变体

此处列举荷叶边的几种不同形态，如拉夫领（见图 3-29）、荷叶边的多层排列（见图 3-30）、加入了铝丝支撑的荷叶边（见图 3-31）等造型。

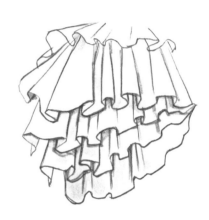

图 3-27　荷叶边的原理　　图 3-28　荷叶边的绘制步骤　　图 3-29　拉夫领　　图 3-30　荷叶边的多层排列

2. 花边

花边的表现以不同形态的蕾丝为主，透视性及花型纹理是蕾丝织物的主要特征。蕾丝的表现形式以勾线或拓画为主。拓画法，是将蕾丝表面涂上颜色将其拓印于纸面，是一种较为常见的花纹肌理表现形式，能够较好地还原纹理细节特性，但不适用于大面积使用，仅少量用于蕾丝织物的明暗交界线处。（见图 3-32）

1）水溶蕾丝

水溶蕾丝是刺绣蕾丝花边的一种，即在水溶衬上进行如浮雕般的高体积堆绣，再经过热水处理，使水溶衬融化，产生出镂空感强烈而富有层次的刺绣花纹。水溶蕾丝花纹的体积感强，花纹纹路形态饱满，凸与透的立体化肌理是其主要特征。不仅用于边缘装饰，也用于大面积镂空部位的装饰与支撑连接。

绘制时应用较细的笔先勾出花纹的造型走向，再用最细的线条小心地描绘出线迹的排列，最后再用较粗的线条勾勒出刺绣花纹的阴影区域。（见图 3-33）

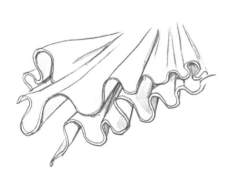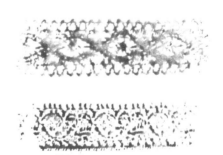

图 3-31　铝丝支撑的荷叶边　　　　图 3-32　花边的拓印法　　　　图 3-33　水溶蕾丝

2）睫毛蕾丝

睫毛蕾丝是普通蕾丝的一种，边缘带须看起来像眼睫毛，适用于装饰与虚化服饰边缘。相比水溶蕾丝，睫毛蕾丝较薄，表现平面化肌理，体积感与镂空感均逊于前者。（见图 3-34）

3. 毛边

毛边是指对裁剪好的布边进行抽纱拉毛处理，是一种破坏性的减法设计方式。毛边能够产生出未完成状态的随意感，常与不完整锁边相结合，也是虚化边缘线条处理的主要方式。毛边在绘制时不应强调边缘外型，应用各种短小簇状线条，表现出毛边边缘参差不齐之感。（见图3-35）

4. 流苏

流苏是服饰边缘较长的垂坠型线条。有直接将布边进行纵向剪开的流苏，常用于厚料；也有将穗子缝制于边缘的。无论是哪种形式，始终要强调线条的规律与节奏。可采用类似于头发绘制般一缕缕的方式进行表现。（见图3-36）

图3-34　睫毛蕾丝　　　　　　　图3-35　毛边　　　　　　　　　图3-36　流苏

3.3.3　各种装饰褶的线性表达

服饰物上的褶大致分为两种：结构褶与装饰褶。结构褶即服装由于人体形态及动态产生的暂时性衣纹，前文已进行过较为详尽的讲解。装饰褶是将面料进行折叠、抽拉、压烫、缝合等方式定型并依附于服饰衣身上的装饰形态，属于一个相对恒定的肌理化特征。服饰的褶变化极为丰富，是面料改造的重要构成方式。面料的材质对褶的影响较大，本节按褶的几种大致制成方式逐一进行讲解。

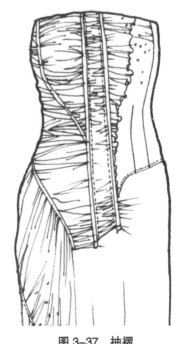

1. 抽褶

先将布料进行车缝，再抽拉缝线处，面料产生长度上的收缩形成的褶皱即为抽褶。这类褶皱往往面积较大，常运用于服饰的前胸甚至整个衣身，因抽缩面料具有了一定的延展性与弹性起伏，因此抽褶面料往往既具有省道起伏的结构性，又具备肌理的装饰性。抽褶的绘制要首先关注抽褶处，再由此处做很多细小的线条排列，排列时要注意均一，同时要避免平行。（见图3-37）

2. 机制褶

机制褶也称百褶与风琴褶，是将面料进行规则化折叠，并加以高温压烫定型而成的几何化褶纹，常用于下装设计。机制褶的折褶峰线挺括，褶间距离有规律，整体面积较大。在绘制时应注重绘制出直挺明确的线条，并依据结构的起伏改变紧与弛的排列距离，线条不可交叉，还要适当地用淡淡的影调表明褶峰朝向，否则很容易与条纹混淆。机制褶有顺向褶与工字褶之分，边缘线形是其表现的重点区域。还有一种更为细小的机制褶称为三宅一生褶，是机制褶的细密化体现，绘制时不要过多描绘，应将其看作一种肌理，在结构的转折处用

图3-37　抽褶

细密的线条谨慎作画。（见图 3-38）

3. 碎褶

碎褶即为无规则性排列的褶纹，一般线条较短，线条的疏密感变化较为随意。（见图 3-39）

4. 自然褶

自然褶是基于碎褶短线条基础上的褶皱形态，组成的方式与荷叶边类似，但面积与褶纹长度要大很多，自然褶的褶峰朝向与褶间变化无规律，褶缝的线条往往不到边缘就会消失。是一种线条起伏较为平缓的褶纹类型。（见图 3-40）

图 3-38　机制褶

图 3-39　碎褶

图 3-40　自然褶

3.4

服装人体的着装效果

本节主要讲解服装人体的着装，探讨着装的绘制形式与步骤，并列举了主流趋势下的不同服饰风格的具体特征与表现形式。本节的最后部分是影调式训练的相关内容。前半部分的内容是关于服装效果图的线稿部分，影调表现是上色技法的基础。

本节为本部分的重难点，要求读者将前期服装人体的结构细节及服装平面款式图内容加以整合体现，是本教程的中高级阶段。

3.4.1　结合辅助线与结构线，表现服饰的着装效果（步骤详解）

本知识节点的内容为动态分析与平面款式图绘制法的集合。首先对服装人体的动态特征进行分析与适度的夸张还原，依据平面款式图的绘制步骤，结合服装人体的标志辅助线，对服饰进行描绘。再依据本部分第一节第四个知识节点的具体内容，加入与动态相呼应的主要衣纹，并进行最终细节的刻画与调整，完成服装效果图的线稿部分。与平面款式图表现不同的是，服装效果图服饰与头、手及其他结构相结合，角度更为多样，动态特征更强，相应的衣纹变化也较前者丰富。本知识节点的步骤节节相扣，每一步都是下一阶段的参考依据，望读者熟记。

初级阶段读者的要求与准备：一张T台秀场的发布会图片，要求服饰物展示完整，图片像素较为清晰。人物动态以步态为主，动态的夸张度较小，视平线应在人物腰节线处。服装线稿应尽量还原人物的基本动态特征与服饰造型特征，服饰与人体的松度比例得当，服饰配件表现完整。

中高级阶段读者的课前准备与要求：一张服装人物动态参考图片以及服装摄影题材为主的动态（动态适度并以站姿为主），视平线的角度不宜太高或太低。一份服装款式的设计方案。既可以是设计草图，也可以是款式图或图片实物。选用设计草图时，应明确各部位的具体比例特征、装饰物具体位置等，并结合款式风格事先考虑好人物妆容造型及服饰配件。服装的着装效果图应还原并适度夸张人物的动态与服饰特征，服饰松量与比例得当，并对服饰的表面装饰特征进行适度的表达。

1. 确定并绘制出正身的横向线条，分析躯干方向，明确透视关系

在提前打好的辅助格基础上，首先确定人物的头面部朝向。

依据面部的下颌角后方及耳下区域确定颈部与头部的衔接位置，确定头部的宽。

依据图片参考提示，分析出正身的三个重要横向线条，即肩线、腰线、臀线，并参考画面上头部的朝向，确定好基于肩线斜度基础上的颈窝点，从而头部、颈部、肩部的基本运动关系得以确立。

进一步绘制出腰线与臀线的斜度，并按比例确定躯干的朝向与扭动状态，绘制出前中心线与胸围线。

从前颈窝点做垂线，确定重心线的位置，并依据图片先确定承重腿，再依次绘制出非承重腿及上肢的动态造型。

按四肢的末端位置确定好手脚的宽度与朝向，以上步骤用服装人体骨骼阶段的表现形式完成，是确立人物动态特征的关键性步骤。

确立内容　头、颈、肩、躯干的朝向与扭动关系，四肢动态，颈窝点，承重腿、手与脚的朝向。

确立的线条　肩线、腰线、臀线、前中心线、胸围线及重心线。

2. 纵向线条以前中心线为基准，确定门襟位置

确立好基本的动态特征之后，在颈窝点的基础上加入领圈参考线，用公主线、侧缝线进一步明确躯干处的体积感与透视关系，进一步确定袖圈线形态，加入四肢的肌肉体块结构，并在其基础上完善手部与脚部的细节刻画。

在头部体块基础上，确定五官的大致位置与宽度，标明发际线位置。

在门襟处与人体前部中线区域，要依前中心线与门襟的叠门宽度，确立门襟的具体位置。

本步骤是服装人体体块化、实感化的关键阶段，在第一阶段的基础上进一步完善了躯干部"体"的表达，服装人体造型基本确立。

明确的内容　躯干体积、四肢体块、五官位置、发际线、门襟、手与脚的结构。

明确的线形　领圈线、公主线、侧缝线与袖圈线。

3. 确定服饰在人体上的宽度（加入松量）

参考平面款式图的绘制方法，依次确立服装在人体之上的肩宽、领宽、胸宽、腰及臀宽、下摆宽、袖宽及下装的宽度，并要考虑加入合理的松量，此步骤仅需用点状线明确宽度位置即可，不必深入。

4. 确定服饰在人体上的长度

同样参考平面款式图的绘制方法，先确定中线处的上装长度，再依据图片或平面款式图确定领口底及袖长，最后再确定下装的裆部深度及裙装、裤装长度。此步骤同上，仅需明确位置，不必深入。（见图3-41）

5. 确定及完善外廓形

首先将人体暴露于服饰外的区域连接成圆润的肌肤弧线，并确立骨点与结构。其次进一步完善与刻画面部及发型、手与脚的细节表现，将服饰的宽与长标志点结合躯干的转折进行外部廓形线条的连接与完善。

图 3-41　着装步骤 1~4 步

此步骤完成后，人物神态与服饰外形均已确立，后续步骤属于进一步的补充与调整。

6. 加入重要的褶纹

依据动态特征、运动方向及服饰与人体的受力支撑点与支撑面的分析，加入主要的动态衣纹，具体方式请参考本部分第一节第四个知识节点的相关内容。

7. 在结构辅助线基础上明确服饰内廓形的款式细节

此步骤参考服装平面款式图相关知识节点，即在人体的公主线、领圈线、袖圈线、三围线及中心线参考基础之上，以图片提供的款型细节特征，进一步在衣身上绘制出分割线、结构省道、装饰线、装饰物及各部件的比例大小、高低位置，这一阶段也是服装配饰的加工阶段。至此服装效果图线稿的所有内容绘制完成。

8. 擦除辅助线形，完善正稿线条

小心地用绘图用橡皮将参考用的辅助线条全部擦除，用粗、中、细三种宽度不同的线条（可以是铅笔也可以是勾线笔），谨慎地将正稿线条进一步加以明确。粗线用于表现服饰外廓形及服饰的层叠结构，尤其是落于人体之上的阴影区域。中粗线用于表达服饰结构及相关线形分割与人体外形。细线用于表达人物面部、头部和手部的细节，以及服饰装饰物。此步骤是上色阶段的先期步骤，极为重要。（见图 3-42）

3.4.2　不同款式风格的着装表现

服饰风格繁多、种类丰富，本知识节点参考近阶段流行趋势资料，针对常用款式与主流流行廓形进行了步骤性的列举，并试图用个例的方式进一步印证上述方法的合理性与有效性。风格列举不仅有利于读者对动态分析法

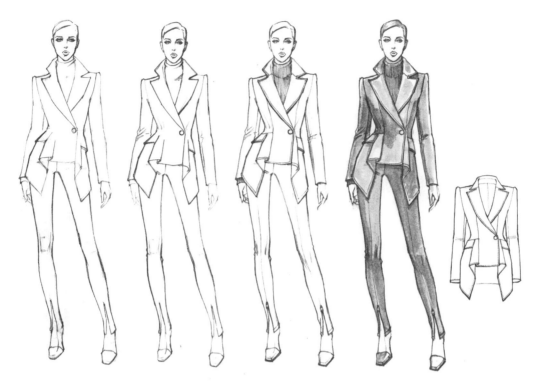

图 3-42　着装步骤 5~8 步

的进一步熟悉与掌握，也为以后的个性化设计表述提供了更为切实的参考。

1. 内衣设计

内衣设计成为时尚产业的一大重要组成部分。近年来，以内衣设计、泳装设计为主题的相关赛事不断增多，也进一步表明了这一设计领域的发展趋势。内衣紧密贴合，并在一定程度上塑造、美化了人体曲线。内衣展示的服装人体不再以传统意义上的干瘦、细长为主，近年来的趋势不断向健美、有力度的修长方向转变，强调服装人体肌肉的适度起伏与张弛，并明确骨点位置与形态是非常有必要的。内衣的动态常以站姿打开型步态为主，躯干的扭动规律是内衣人体动态的绘制重点。（见图 3-43）

2. 连衣裙

连衣裙是近年来的热点款式，也是现代服饰的重要经典款式之一。连衣裙的设计常以表现古典情怀的浪漫主义风格为主，纱料与雪纺是其常用面料，轻盈化的 X 型是其设计特征。（见图 3-44）

3. 三件套西服

上装、下装、内部衬衣组成的套装，是传统化的正式职业装。三件套西服的款式变化较少，表面装饰也较为单一，三件套西服的动态不宜采用夸张造型，典雅端庄的动态更适合其应用。（见图 3-45）

4. 长外套

长外套服饰是建立于近年流行的大廓形基础上的。服饰的松量、体积感与服饰间的层叠化表现是其绘制的重点。长外套动态适合选用夸张造型或完全静止造型两种极端，因为在大面积的服饰遮挡下，人体的细微扭动是无法展现出来的。（见图 3-46）

图 3-43　内衣设计

图 3-44　连衣裙

图 3-45　三件套西服

图 3-46　长外套

5. H 型廓形设计

H 型廓形是近阶段服饰流行的主流廓形，此类设计在 T 台秀场设计中不胜枚举，H 型廓形的面料选用域广，注重内部的线型分割与表面积装饰。（见图 3-47）

6. 茧型廓形设计

茧型是 O 型的一种变体，是一种经过一个阶段沉寂之后，又处于流行兴盛初期阶段的廓形。现阶段的茧型廓形更为注重层次化的渐变，外形的饱满与内部的层叠是主要的绘制重点。（见图 3-48）

7. 礼服设计

以高级定制为主的礼服设计是服饰的艺术化呈现，在实用性弱化的前提下，服饰的装饰性达到了极高的层面。礼服设计重在强调胸部、肩部，人物造型较为戏剧化，下摆的体量通常较大。基于礼服的这种下大上小的特征，可在绘制的过程中适当加长下肢的长度，利于服饰风貌优雅感的呈现。（见图 3-49）

图 3-47　H 型廓形

图 3-48　茧型廓形

图 3-49　礼服设计

3.4.3　服装效果图的影调式表现

影调即光影与调子。光影是指绘制物象在光线下呈现出的受光面与背光面。调子是指中间区域的深浅过渡变化，即常说的灰度。对于光影，我们可以采用非黑即白的方式理解，对于调子则可以通过不同灰度的黑与白过渡理解。绘画尤其是素描，主要是通过线条与线条排列出的影调形式来表现与塑造物象的。服装效果图教程的前期部分展现了一些影调式表现的范例，线性表达更为深入，比细节与质感的表现层次较为单一的线条要丰富得多。服装效果图的影调处理一般为 2~3 个灰阶的单色呈现，既可以使用马克笔，也可以用铅笔、炭笔或单色水彩等工具。简化分面与快捷表现是其主要特点。

1. 影调式训练的意义与目的

作为一种教程中所强调的训练方式，影调式训练的设立与导入，有助于学习者从线条的造型向上色阶段色彩的块面塑造表现过渡，是线与色彩的重要承接阶段。（见图 3-50）

2. 影调式训练的方式

要求在线稿基础之上，先拟定一个固定的光源方向，按照朝向光源的区域，高点最亮，与光源远离区域次亮，背光区域最深的原则，将画纸的白度确定为高光，再增加三个层次，表述受光面、次受光面、明暗交界线及反光。服饰物及人体的反光较弱（高反光的特异性材质，如 PU 面料及光滑缎面除外），反光可采用与次受光同样的灰度。利用以上三个灰度，对对象进行类似于素描的体块概念化抽象划分，也就是我们常说的分面。

3. 影调式训练的表现形式

采用铅笔工具、炭笔工具、马克笔与单色水彩等工具进行示范，因为这些工具均可以与水彩技法相结合。2~3 个灰度是最少的灰度色阶，读者可依据自己学习的能力与深度适度地增加色阶，以取得进一步深入刻画的效果，但仅针对有一定基础的提高者。对于很容易沉迷于细节而失去整体关系的部分初学者，还可采用阴阳式分面法，即以主外框线为基础，对受光面与反光面进行非灰即白的简单化高度概括，可非常有效地加强对整体关系的观察与绘制习惯的培养。

图 3-50　服装效果图的影调式表现

第四部分

服装效果图着色技法

FUZHUANG XIAOGUOTU ZHUOSE JIFA

图 4-1 服装画

服装画如图 4-1 所示。

基本内容及重难点

本部分由水彩画技法基础知识、服装效果图着色技法、服装效果图着色范例详解与服装效果图范例赏析四节组成。相关范例的参考均为近阶段的流行趋势资料及相关服饰摄影作品，在款式与人物的造型上均力求符合服饰流行的时尚演变特征。

本部分的重点为人物着色与服饰材质着色的表现，前者要熟记混色、调色的基本方式，后者要明确不同肌理的特征及表现重点。本部分的难点为面部细节的上色表现，需要学习者在完全掌握服装人体面部细节的比例及特征基础上进行能力的拔高，对于初学者，可以本教程第二部分第三个知识节点中"头部的整体表现"所提供的范例作为参考，在其基础上进行拷贝与上色。

表现形式

本部分除第四节范例赏析部分作品外，均附带较为详尽的阶段步骤，有助于读者直观地参与到绘制的各个环节，从而熟悉并掌握好前阶段所学的相关知识。由于动态分析及服饰的着装是关键内容，为了更好地体现知识节点的一贯性与渐入性，部分内容也展示了起稿步骤，最大化地保留了作画程序的完整度。

本部分使用工具以水彩画材与工具为主，详情请参考本教程的准备阶段相关内容，范例的用纸以法布亚诺和梦法尔 300 g 中粗水彩纸为主，着色颜料为荷尔拜因管装水彩，画笔以狼毫及貂毛画笔为主，但有时也会采用狸毛与羊毛画笔。

学习目标及建议

本部分内容作为本教程的较高学习阶段，从形态、服饰肌理与绘制步骤上提供全方位的终极指导，是教程内容的综合性体现。通过这一部分的学习，学生可以具备独立的构思与完成服装效果图的技能，并在其基础上逐步培养和树立个性化风格。有的初学者会有怯于上色，或一上色就会手忙脚乱，对水分与色彩常无法控制，最终导致画面效果低于预期，从而产生强烈的挫败感。其主要根源是不熟悉水彩颜料的特性，对其技法尤其是干画法与湿画法的表现区域不明，没有掌握好湿画法的干湿着色时机，绘画步骤错乱。系统地从基础技法引入到步骤化训练，能够较快地提升作画效率与画面效果，从而避免上述问题再次产生。

工具材料的准备

绘图纸、拷贝纸、300 g 水彩纸、铅笔、炭笔、勾线笔、绘画用橡皮、水彩用软性橡皮、水彩画笔、水彩颜料、调色盘、画板、笔洗、纸巾。

4.1
水彩画技法基础知识

本教程上色的主要材料为水彩，水彩技法是上色技法的支撑，本节探讨如何使用水彩画材与工具产生多样的色彩变化和画面效果。为了更为深入地了解水彩颜料的特性，初学者有必要进行水彩色卡的制作与填涂，在填涂的过程中，能够更为直观地了解色彩与水分结合产生的深浅变化与延展状态。明确画面湿润与干燥状态下色彩的深浅及光泽变化，进而了解色彩的色相属性等重要特性。这一训练实际是读者熟悉画笔、画纸、颜料与水分的过程，是上色技法的预热阶段，不可省略。本节的重点为多色混色，难点为湿画法渲染表现。学会混色技巧，有助于在最短的时间内用有限的颜料创造出无限的色相变化。掌握湿画法表现的规律，有助于控制好画面的水分与绘制区域。

4.1.1　色彩的混合

色彩的特性由三个要素决定，即色彩的明度、纯度及色相。色彩的明度，关乎于颜料的深与浅，在水彩画技法中加水越多，则色彩的明度越高，但水也会减弱颜料的鲜艳程度。在未经加水稀释的水彩颜料中，除白色以外明度最高的为柠檬黄。纯度是指颜色的鲜亮程度，从色彩学的定义理解，纯度最高的色彩为红、黄、蓝，也称三原色。由这三种颜色进行调和，可产生出橙、绿、紫，进一步调和可产生出千变万化的颜色种类，本知识节点的混色正是基于这一特性而设立的。对于水彩颜料而言，有时过多的色彩调和会降低纯度，颜色失去透明性，画面会变得很脏。因此，水彩颜料的种类选用较多。从单纯的颜料纯度上理解，我们可以认为直接挤出来的膏状颜料是最纯的，加水与混色均会弱化其本身的纯度。请初学者务必区分"色彩纯度"与"颜料纯度"是两个有联系的不同概念。色相是不同色彩的倾向与属性，可以简单地理解成为色彩的名称就是它的色相。色相在色彩学中常用环状表示，以红、黄、蓝三原色为基础进行旋转推移，也称色相环。色彩间存在着对比，没有绝对意义的冷色与暖色，冷与暖、明与灰是通过色彩间的对比产生的。

水彩颜料中的白不用于具体的调配，因为那样会降低色彩的透明性。黑色颜料的种类较多，其中主要分为灯黑与象牙黑，黑色加入色彩会很大程度上破坏色彩的色相与纯度，尤其是灯黑，有时为了降低明度，会少量使用象牙黑。色彩的混合是在掌握色彩三要素的基础上，加入两种或更多的不同色相的颜料与水进行混合，从而产生新的色彩。混合的形式，有调色板混合与纸上混合两种，调色盘混色色彩变化较为均一。纸面混合适用于有一定基础的学习者，其色彩细微的变化更为丰富，但要求学习者对纸面干湿度变化有一定的了解。

1. 三原色混色

三原色即红、黄、蓝，从理论上来说，这三种颜色是无法通过混色的方式得到的，是单纯不含其它色彩成分的颜色，也是构成所有有彩色的基础，此处的有彩色指的是色彩学定义中除去黑、白、金、银、灰以外，所有具备色彩倾向即色相的色彩。黑、白、金、银、灰称为无彩色，此类色彩只有明度变化。三原色的两色混合产生出基色基础之上的次生色，也称为间色，即橙、绿、紫。三原色共同混合，会产生出近似于黑赭色的茶色，其色彩的纯度与明度都很低。水彩中对于三原色的混合涉及三原色色相的细微变化，因而三原色的三色共混是肤色调配的基础，我们将在下节重点讲解。（见图 4-2）

2. 多色混色

多色混合是利用调色盘中包含三原色以内的所有颜色进行混合，但一次最好不要超过 3~4 个色彩，否则会失去色彩的倾向，颜色发灰变脏，不利于服装画的表现。多色混合应首先了解颜色色群的主要组成。

橙色系列的：朱红、浅镉红、橙红、永固橙黄。

黄色系列的：柠檬黄、钴黄、浅黄、中黄。

图 4-2　三原色混色

图4-3　多色混色

绿色系列的：钴绿、虎克绿、叶绿、永固绿、橄榄绿、铬绿。

蓝色系列的：钴蓝、天蓝、孔雀蓝、群青、靛蓝、普兰。

紫色系列的：紫罗兰、紫红、钴紫。

棕色系列的：生赭、赭石、熟褐、深褐色、乌贼墨。

多色混合可运用于服饰物的影调深度表现。应明确服饰的色彩及影调并不是由单纯的某种颜色的深浅变化呈现的，有时反光或暗影处均会用2~3个其他色相的色彩加以混合，这样才能产生丰富的色彩变化。（见图4-3）

4.1.2　干画法的定义、用途及画面效果

水彩颜料需要以纸张与水为媒介，进行色彩的平铺与流淌。干画法即在画面干燥的情况下，利用水彩的透明性进行色彩的平铺式重叠。当色彩在干燥的纸面平涂时，由于纸张的洁白度，色彩变得鲜亮，当重叠两个色块时重叠处会产生叠色效果（这一重叠区域的色彩会产生类似两个彩色玻璃片重叠的效果），不同于直接的色彩混合。干画法的这一两层以上的色彩重叠手法，有的书籍也称为"上釉"。干画法是较易掌握的一种画法，色块间的边缘形态明确是其主要特点。这种画法主要运用于实化与强调物象结构的分层、分块面，产生类似于马克笔的画面效果，需要依赖一定的笔触表现力。过多的干画法易使画面存在服饰面料僵硬死板的局限性，故干画法一般情况下仅用于强调造型或服饰物的简化表达。（见图4-4）

1. 干画法的方式

在画面干燥的前提下将颜色平涂，注意不要来回用笔，笔触应果断、干脆，等底层颜色完全干透后再上第二层颜色。干画法会因颜色的不同含水量而呈现不一样的效果。单色调和时，如果笔锋含水较多，落于画纸上呈现一个凸面，干燥后边缘会呈现出较中心区域深的细线状色彩。多色混合时，上述状态下依据色彩颗粒的不同，最细小的颜色颗粒会被水推动到笔触的边缘，干燥后呈现出异色线条。（见图4-5）

图4-4　服装画局部（干画法）

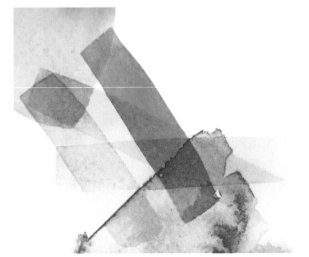

图4-5　干画法的透叠效果

2. 色阶的表现

色阶即色彩三要素的一种推移形式，服装画效果图中色阶主要是明度与纯度的推移。色阶的目的是简化概括体表与服饰的起伏特征，常用于衣纹及大型褶皱的表现。色阶按与物体结构一致的方向进行笔触的排列是服装画的主要造型表现技法。

4.1.3 湿画法的定义、用途及画面效果

湿画法是一种较干画法难度更高、不易掌握、变化也更多样的表现手法。湿画法是在画纸或绘制区域潮湿的状态下进行描绘、铺色，既要考虑画纸的湿度，也要考虑笔锋的含水量。有一个规律是初学者务必要在练习前牢记的，即水总会向较少的一处流动，在流动的过程中，颜色总是跟随着水的流动方向，只是偏慢一拍。有颜料的水会铺开色彩，而清水则会推开色彩，这就是湿画法千万种画面变化中相对恒定的规律。

色彩过渡柔和、边缘线不明确是湿画法的主要特征。在服装画中湿画法常用于大面积铺色与背景氛围的渲染，是虚化与柔化边缘等不确定因素的主要运用技法。湿画法的影响因素较多，初学者只有通过大量反复的练习，并依据上文提到的规律进行体会与揣摩才能掌握。（见图4-6）

1. 湿画法的方式

湿画法按画面的湿润程度，大体上分为：渐变法、渗化法与湿加湿画法三种。

渐变法是湿画法中较易于掌握的一种柔化边缘的方式，即先将画笔沾上较为饱满、水分也较多的颜料，进行干燥纸面上的平涂，并快速地用含清水的另一支笔刷沿色彩的边缘进行平行描绘，此时清水笔刷上的水要比色彩区域的水少，这样颜色会朝向清水部位流动，产生出平滑自然的明度渐变过渡。如果清水笔刷的水分多于色彩区域，则清水会流向色彩区域，将颜色推开，形成半透明的水渍效果。利用这种水多水少的变化差异，可进行两色渐变的训练，即将清水换成别的颜色，产生出自然的色相或纯度过渡。

渗化法须将纸面绘制区域预先用清水打湿，在纸面半湿半干的情况下，用比画面水分多的饱和色彩点状铺色，色彩会呈现扩散打开的效果。画面的水分较湿与较干燥均不利于色彩的扩散，只有当画纸不再具有闪光点状的反光时，才是最好的时机。渗化法是湿加湿画法的基础，也是渲染的重要方式。

湿加湿画法同样需要将作画区域预先用清水打湿，并保持画面的水平，将画纸与面部形成一个斜角，观察画纸表面是否水分过多，并将饱和的色彩快速地部分涂于打湿区域，此时颜色会渗开。在画纸半干不湿的情况下加入第二或第三色，则后加入的色彩会推动前加入的色彩发生色彩的推移。如画纸与画笔水分差别不大，则会更为柔和地相互混合；如画笔水分过少则会在着笔处吸收纸面的水分，形成一个较浅的白圈。在干燥的过程中画面的渗化效果会趋于融合，故应依据需要，在不同的阶段及时用风筒吹干，保留最为满意的渗化效果。（见图4-7）

2. 混色渲染的多色运用

混色渲染的多色运用是建立在渐变与渗透基础之上的更为复杂的湿加湿画法，也称为湿破湿画法。此方式变化较为丰富，掌握难度大，是水彩画技法的核心。对水的特性不明确或技法生疏，则很容易无法控制画面的绘制区域，尤其是色块的大小与色彩倾向。湿破湿画法类似于在调色盘上进行调色，色彩会在画面上进行混合，对纸张的承受力要求较高，最好选用不少于300 g的中粗棉浆纸进行绘制。画面干燥后，色彩的纯度会降低很多，因为画纸的水分会冲淡部分颜色，故混色时应注意色彩的饱和度。

混色渲染既可用于色相接近的色调调和，也可用于色彩的要素对比。此方法常用于毛皮、缎面肌理、满地散花的非重点渲染或整个背景氛围的渲染。（见图4-8）

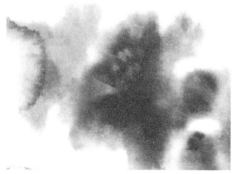

图4-6 服装画局部（湿画法）　　　　图4-7 湿画法之渐变法　　　　图4-8 混色渲染

4.1.4　笔触训练及注意事项

服装画表现的着色，以最为常用的圆柱形中等笔锋为主，偶尔会用到排笔，其他如扇形、刀型笔锋运用较少。

服装效果图的笔触要求干脆果断，一般来说，用笔的腹部作画适用于大面积平铺或干擦飞白。笔的斜锋适用于干画法色阶的表现，中锋和笔尖适用于细线条的细节刻画。笔触分为长直线、点状笔触、干擦笔触、波浪笔触及变化压力的笔触。前三者为表现效果图的主要笔触，后者为表现材质肌理的特异化笔触。

笔触的果断是建立在分面明确与绘制者熟练掌握的基础之上的，可通过对灰阶的表现强化笔触的运用技巧。笔触的表现应注意避免反复无目的地来回填涂，线条应尽可能流畅，不要出现无意义的断开。（见图4-9）

图4-9　各类笔触效果

4.2
服装效果图着色技法

本节是第一节理论化铺垫的实践运用环节，重点讲授基于服装人体结构与服饰物表面特征基础上的处理，是线稿与灰度稿的提升阶段。本节由服装人体上色、服饰材质与服饰图案纹样的色彩化表现三个知识节点构成，是结合了线形与色块的综合化表现方式。

第一个知识节点以露出服饰物的头及四肢上色为主，重在讲解肤色的冷暖变化在人体不同区域的结构性表现。第二个知识节点的内容涉及肌理与材质，运用了尽可能详实的常用材质进行逐一列举。第三个知识节点为服饰表面的纹样与图案表现，重在绘制的步骤与程序的讲解。

4.2.1　服饰人物着色技法及步骤详解

服饰人物的结构，在本书的前期进行了详尽的讲解。上色技法基于线稿与灰阶基础之上，本知识节点的内容为对服装人体进行进一步深度刻画的色彩表现，应注重绘制的步骤与程序、强调的主次重点。

1. 肌肤的调色

为了区分画纸与服装人体，使人体看起来更为完整，服装效果图对于肤色的选取以中等肤色为主，有时对于泳装的表现会选用小麦色为主的较深肤色，欧罗巴人种模特的肤色偏红，亚裔模特肤色适中，非裔模特肤色偏深，但无论是深肤色还是浅肤色，均是由三原色调和而成的。由于不同部位皮肤的厚薄程度不一、功能性不同，皮下毛细血管的分布密度也不同，人体不同区域的肤色总存在着细微的变化，这些变化有助于更好地塑造人物肌肤的生动感，进而运用于暗示动态的空间感与体积感。在肌肤的表现中，我们常使用肌肤的冷与暖来还原上述特征。（见图4-10至图4-12）

图 4-10　服装画

图 4-11　服装画面部细节

图 4-12　特殊妆容服装画面部细节

1）冷肤色与中性肤色

冷肤色主要运用于空间角度中较远的区域。

中性肤色的概念如同冷暖一样也存在于对比之中，常用的中性肤色由茜红加入生赭形成。当加入天蓝时，色彩的饱和度降低，形成看起来较冷的肤色。还有一种看起来更为饱和与健康的中性肤色，是镉红加入浅镉黄，依旧加入天蓝使其更冷。更浅一些的冷肤色是直接用生赭加入微量天蓝或群青调配而成的。相比天蓝，群青加入后，色彩会显得更灰一些，但绝不可加入普兰，这会使肤色发绿。

初学者有必要将上述色彩进行调和，并用文字注明调色的成分，制作成色卡，方便于以后的练习。所有的肤色调配应当用笔尖适当地加入颜料，控制好调配的分量，如须对大面积肌肤进行涂色时，应一次性将颜色调好。（见图 4-13）

2）暖肤色

暖肤色的调配方式是建立在中性肤色的基础之上的，只需要适当增加红色的含量，就可以调配出较暖的肤色。如浅镉红与镉黄中稍微加大红的含量，玫瑰茜红与生赭中稍微加大茜红的含量，用生赭与镉红混合出的色彩较前两者稍冷一些。暖肤色适用于表现人物面部的鼻头、脸颊、耳廓、人体的肩头等重要关节处，是使人物生动鲜活的重要构成色彩。（见图 4-14）

3）深肤色

深肤色用于表现人物的眼窝、鼻底、额唇沟、颈部及躯干与四肢的背光处和服饰于人体上的阴影区域。

深肤色的调配有两种方案：即紫红 + 生赭 + 群青，表现较饱满偏暖的深肤色；或紫红 + 生赭 + 虎克绿，表现出更深的较冷的肤色暗影。（见图 4-15）

图 4-13　冷肤色与中性肤色的调配　　　　图 4-14　暖肤色的调配　　　　图 4-15　深肤色的调配

2. 面部的上色步骤

面部的上色步骤应秉承由浅至深、先平面再立体、先整体再细节的绘制程序。画面水分不宜过多，以免影响到面部的细节造型区域。面部的上色应首先明确光源的来源方向，阴影与高光要与光影的方向保持一致，具体的程序分为底色平铺、留白区域确定、块面塑造与细节刻画四个阶段。（见图 4-16）

图 4-16　面部上色步骤分解

1）底色铺色

先将中性肤色调好，要确保在填涂及后期使用时能够足量运用。笔锋含水量适中，即在笔锋竖起颜色不会滴落的情况下，按底稿线形，用笔中锋及笔尖小心地沿线填涂。

2）留白区域

在填涂底色的过程中，按预先设立的光源方向，依次留出眼白、鼻尖、部分鼻梁与整个唇部的空白区域。鼻梁的高光为线状，处于鼻梁的左或右，因鼻梁具有一定的宽度，所以不可出现于鼻子的中心线区域。初学者可将这一步骤安排于底色之前，小心地用极细的线条预先勾画出鼻部留白处的形态。

3）块面塑造

第一层底色铺完后，等底色稍干（如初学者可等底色彻底干燥），用含水量较少的笔触，运用比底色稍深的色彩，按面部结构依次画出额头的次受光面、眼窝、鼻侧、颧骨下方、鼻底与颔唇沟，由于服装效果图人物面部区域占画面面积较小，故不宜深度刻画。

　　4）细节刻画

　　用更小一些的笔调出深肤色，进一步刻画眼窝、鼻底、颔唇沟。在耳及颧骨下方用一至两笔适度表现，取较深的灰褐色，依次表现眉毛及眼睛，注意眉毛的生长方向与瞳孔的高光，并用较浅的灰色表现眼白的阴影。将面部眼下与颧骨上方用清水打湿，用渗化法画出面部的腮红，并画出与腮红相近的唇色，注意保留唇部的高光。最后用细线勾画出眼睑与口裂，人物面部绘制完成。

　　3. 头发的上色步骤

　　头发上色应在整体造型基础上适当加入高光，明确头发本身就具有一个色彩深度，头部的高光也会带有其头发固有色的影响。发丝用干擦法表现，处于明暗交界线靠受光面区域是高光区域，强调此处既可表现发丝质感，又可强调体积感。发色以中深发色为主。不必运用过多复合色相变化。对于初学者可依据本教程第二部分第三节的相关范例，进行铅笔淡彩的简单叠色。（见图 4-17 至图 4-19）

图 4-17　短发的上色步骤分解

图 4-18　长卷发的上色步骤分解

图 4-19　编结发型的上色步骤分解

4. 四肢的上色

四肢的上色包括四肢与手部，先将较深的中性肤色平涂，依据光源设定的方向留出受光处及背光处的细微空间区域，小腿的胫骨前方结构要留白。因为四肢较头面部距离光源较远，所以可适当地强化色阶的明度对比。四肢的色块化绘制，请参考本教程第二部分第三节相关内容，并在此基础上对关节处用暖肤色进行点染，对四肢的层次以高光、受光面以中性肤色、次受光及背光面以较深肤色、明暗交界线处以最深肤色的方式进行绘制。在非承重腿及相对较远的四肢，适当地加入冷肤色。（图 4-20）

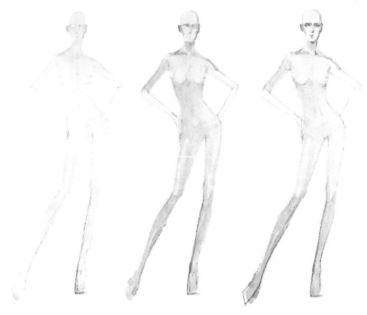

图 4-20　四肢上色步骤分解

4.2.2　服饰材质的着色表现及步骤详解

本知识节点主要讲解服饰面料材质与肌理的表现，将面料进行由薄至厚、由高反光类至透叠吸光类以及动物类、编织类与绗缝材质的分类。面料的设计与运用，构成了服饰的实体化装饰载体，也是服装设计的三大要素之一。本知识节点的内容重在通过不同材质的特征强调深入刻画往往只处于整个画面相对较少的重点区域。并随附具体步骤，便于读者参考临摹。面料的表现上，部分地结合了相应的局部款式，因为服饰设计与画面表现中，款式、面料与色彩三个要素始终是紧密关联的。本知识节点的重难点为皮草类材质的表现，需要读者在了解整体观察的规律与方式的基础之上，熟练地运用水彩的干湿技法，对画面中水的湿润程度具有较高的把握。（见图 4-21）

图 4-21　以材质表现为主的服装画

1. 薄型面料

薄型面料常用的包含：丝、绡、罗、纱、雪纺，主要用于夏装与裙装的设计。轻盈是薄型面料的主要特点，薄型面料表面衣纹较多，因此此类材质要求尽可能用长而柔软的线条加以表现，具有轻盈的舞动性下摆应注意大型褶纹方向的一致性。

1）丝织物

丝织物由蚕丝纤维或人造合成纤维组成，其拉伸强度不高，贴体性强，具有一定的柔和光泽，表面褶纹起伏，具有过渡平缓的垂坠性，质地细腻，常与刺绣工艺相结合。（见图 4-22）

图 4-22　丝织物表现的步骤分解（湿画法）

2）雪纺

雪纺是一种较丝更为透明的织物，其特点为轻薄飘逸，手感与丝织物非常相似，但在光泽程度上有时略逊于丝织物。垂坠性较丝织物更强，常用于裙装设计，刺绣、烫钻、压褶是其主要装饰处理手法。（见图 4-23）

图 4-23　雪纺表现的步骤分解（干画法叠层）

2. 呢料

呢料是一种平整、吸光、挺廓且较厚的面料，常用于西服与外套的制作。呢料的表面几乎不反光，衣纹也较少，能够很好地体现服饰的外部廓形与内部结构，呢料的线迹感、立体性较强，主要采用明线缝迹的处理方式，常见的呢料有花呢、人字呢、格纹呢、制服呢。

1）人字呢

人字呢的表面由人字形的条纹排列构成，是呢料的一种织造方式，人字呢较厚实，边缘易散开，其构成服饰具有分量感。人字呢的服饰重在强调领部、前胸及袖口的纹理化表达。（见图4-24）

图 4-24 人字呢表现的步骤分解

2）花呢

花呢采用经纬异色的织造手法制成，表面带有细小异色点，类似钢水飞溅的火花，也称钢花呢。花呢的色点表现宜均一化排列，明确主要的色调，并结合可遮盖性颜料综合表现。（见图4-25）

图 4-25 花呢表现的步骤分解

3. 高反光材料

服饰的高反光材料产生出华丽感与未来感，常见的高反光性材料有缎面与PU面料。

1）缎面

缎面是一种厚实的丝织物，表面非常光滑，具有柔和的反光性，因此缎面材质的衣纹较大，细褶很少，褶纹

的转折面非常明确，并具有较明显的反光区域，反光处的色彩会受周围环境色的影响。（见图 4-26）

图 4-26　缎面材质表现的步骤分解

2）PU 面料

PU 面料是一种用聚氨酯镀膜的复合人工材料，也称 PU 皮革。主要用于机车夹克及配件的设计，以 PU 镀膜为主的此类材质是面料中反光度最高的，衣纹线条硬挺、反光、明暗交界线与高光区域对比强烈是其绘制的主要特点。（见图 4-27）

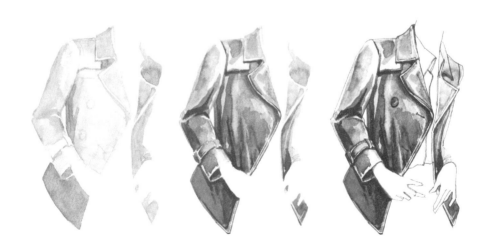

图 4-27　PU 面料材质表现的步骤分解

4. 透叠材料

透叠材料较薄，织物纤维的组合较为松散，具有一定的透视性，能够产生层叠化的美感，是用于装饰的主要材料。本知识节点列举了欧根纱、网眼与蕾丝，这些材料是礼服设计中的重要组成元素。

1）欧根纱

欧根纱是一种类似雪纺的人造纤维织物，更为轻薄，极具通透性与硬挺度。欧根纱的垂坠性较弱，宜采用简洁而挺直的线条表现，线条要具备一定的果断性与力度。要重点表现纱料的透叠性，将面料本身的色彩明确于纱料的重叠与转折处，贴体或离身体较远处适当用湿画法加入肤色成分是透叠性绘制的基本方式。（见图 4-28）

图 4-28　纱料材质表现的步骤分解

2）网眼

网眼面料具有一定的弹性与垂坠性。支撑用网纱挺括性很好，起裙摆造型的支撑作用，硬质网纱需要采用类似欧根纱的绘制方式，在受光面适当加入纹理线条，用较细的线表示，以免破坏整体效果。软质有弹性的网眼要贴合人体，适当在肤色上用干画法加入网纱色彩的层叠，并用细线在转折处绘制出网眼的结构特征。（见图4-29）

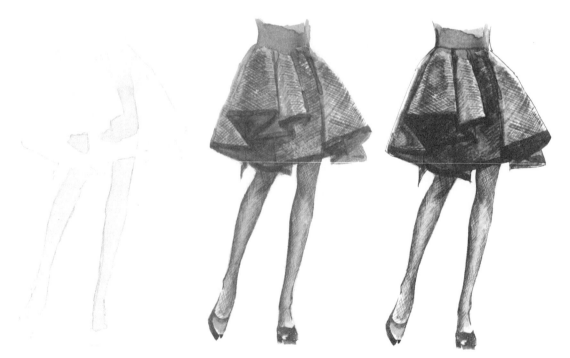

图 4-29　网眼面料材质表现的步骤分解

3）蕾丝

蕾丝面料具有纹理与镂空感，是一种面料强度低但适于装饰用的服饰材料。花纹的表现是其绘制的重点。请参考本教程第三部分第三节有关边缘处理方式的内容，并结合纱料的铺色方法进行绘制。（见图4-30）

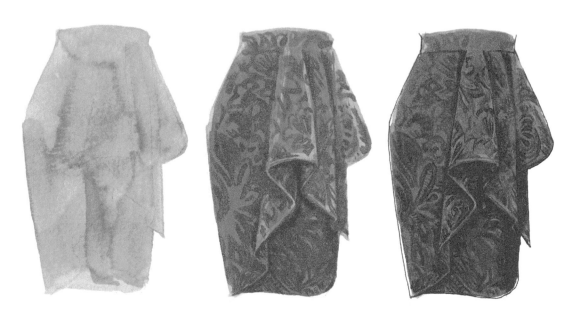

图4-30　满地水溶蕾丝材质表现的步骤分解

5. 皮革

皮革类面料常用于夹克外套以及配饰物，一般来说外套常选用羊皮、小牛皮等较薄、较软的材质，配饰物对材料的选取面更广。皮革类材质褶纹较少，结构过渡也非常平缓，比 PU 面料更具有吸光性。皮革的表面常结合彩色铅笔与炭笔工具进行绘制，以进一步强调表面的肌理纹路。（见图4-31）

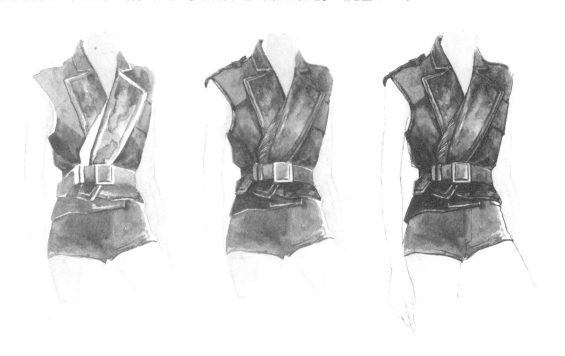

图4-31　皮革材质表现的步骤分解

6. 皮草

皮草类材质是服饰材质表现的难点，光泽与体积感并重，需要在明确结构体块的同时了解毛的生长方向及高光、反光区域，常采用水彩湿画法进行不确定外形的渲染。皮草类以动物皮草为主，分为短毛皮草、长毛皮草与斑纹皮草。皮草类服饰的外部廓形感很强，内部结构分割较为不明显。（见图4-32）

图 4-32　以皮草表现为主的服装画

1）短毛皮草

　　短毛皮草以兔毛与貂毛最为常见，兔毛是最经济的短毛皮草，短毛皮草的衣纹很少，光泽也较弱，水彩与彩色墨水的综合运用是短毛皮草较易于掌握的表现方式。（见图 4-33）

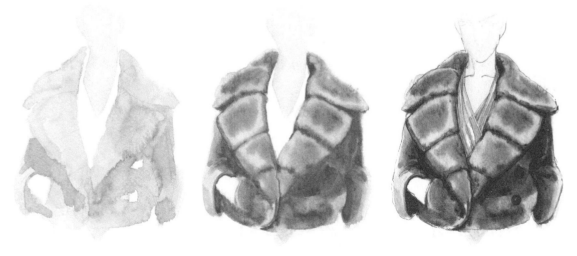

图 4-33　短毛皮草材质表现的步骤分解

2）长毛皮草

长毛皮草以狐皮、貉子毛最为常见，用以表现服饰庞大而富于光泽的华丽感，体积感与蓬松的、有弹性的毛峰是其绘制的重点。湿画法用于塑造长毛皮草的光泽与体积感，干画法用于受光区域的肌理表现，这两者结合的绘制手法是较难掌握的一种服饰材质表现技法。（见图 4-34）

图 4-34　长毛皮草材质表现的步骤分解

3）斑纹皮草

斑纹皮草主要以动物皮毛中生长的斑点特征为绘制的重点，豹纹与斑马纹是最为常见的斑纹皮草种类。皮草的纹路主要是通过湿画法的多色混色完成的，需要熟练地把握画面与笔锋含水量的比例关系，此类皮草常用于上装或箱包的设计。（见图 4-35）

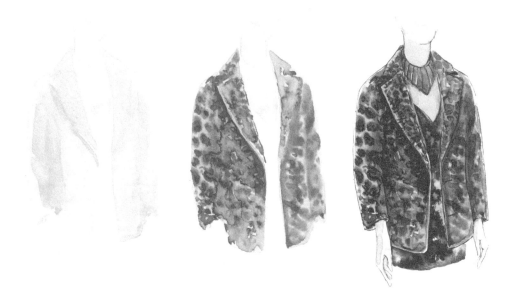

图 4-35　斑纹皮草材质表现的步骤分解

7. 编织类材料

将毛线进行或钩或织的编织，形成的编织类材料具有花色多样、体积感强、较厚、富于弹性、不反光等特点。编织类材料的编织纹路分为平针反针、棒针、扭花等。

1）平针反针

平针反针用于毛衣类设计，是针型变化的基础。平针反针的结构与形态有必要先用铅笔勾勒，再进行水彩铺色的铅笔淡彩表现。（见图 4-36）

2）棒针

棒针是一种较粗而夸张的编结形式，针与线的选用较粗和硬，因而编织出来的服饰体积感很强。棒针类设计常见的着装方式为套头式或披挂式。服饰在大廓形的基础上，在人体表面出现堆积，产生许多褶纹，明确褶纹的方向与其受光面棒针纹理的线性表现是其绘制的要点。（见图 4-37）

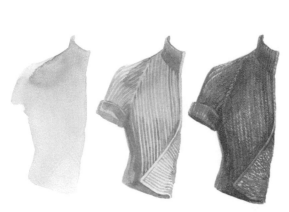

图 4-36 平针反针肌理材质表现的步骤分解

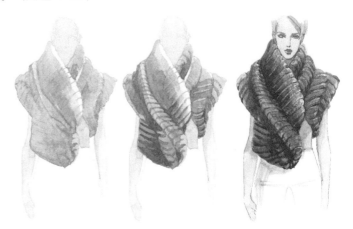

图 4-37 棒针肌理材质表现的步骤分解

3）扭花

扭花是编织的常用装饰手法。先将较粗的线条画出扭动的外框线，再用较细线条绘出细节纹路，最后进行水彩的色阶分色层叠，是一种较易掌握的简化表达方式。（见图 4-38）

图 4-38 扭花肌理材质表现的步骤分解

8. 针织类材料

针织类材料与编织类材料类似，但纹理更为细小，薄厚的变化较大，具有弹性与吸光性，是休闲类设计的主要面料。（见图 4-39）

1）针织拉围肌理

拉围是指用具有规则的平针反针进行交替排列，产生凹凸感，形成类似瓦楞纸状的纹理。常用于编织物与针

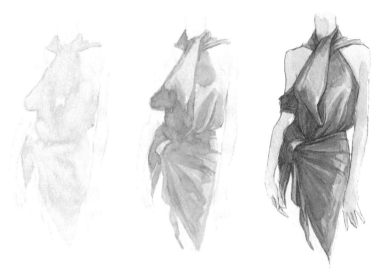

图 4-39　针织材质表现的步骤分解

织物等有弹性面料的边缘化处理，是一种实用性与装饰性并重的服饰表现形式。针织拉围肌理属于辅料类。（见图 4-40）

图 4-40　针织拉围肌理材质表现的步骤分解

2）莱卡

一种氨纶纤维结合棉制成的织物，也称氨纶布。非常富有弹性且较薄，能紧贴人体，是一种极为常用的针织面料。表面细小的、合乎人体结构的褶纹与一定的垂坠性是其主要特征。（见图 4-41）

图 4-41　莱卡材质表现的步骤分解

9. 绗缝面料

绗缝是指用线迹固定上下布片中的填充物，是一种传统的处理与加厚面料的工艺方式。绗缝面料具有一定的体积厚度，缝线的方向与组成构成了绗缝面料表面的凹凸起伏，使其具有半立体化的浮雕感。（见图4-42）

图4-42 羽绒服效果图表现的步骤分解

1）绗缝夹棉

绗缝夹绵多用于防寒服或浮雕肌理表面及装饰工艺设计中，常采用较大区域表现。绗缝夹棉面料具一定厚度，其表面线条挺括，无多余的衣纹，绘制时重在强调起伏的肌理影调。（见图4-43）

图4-43 绗缝面料材质表现的步骤分解

2）填充羽绒

填充羽绒常用于羽绒服的设计，体感强烈、外形饱满蓬松是其主要特点。与绗缝夹棉面料相比，填充羽绒面料厚度更为夸张。填充羽绒面料线迹的走向较为单一且变化较少，衣纹主要会出现于表面线迹的周围，并与线迹相融合。羽绒类服饰一般会配有拉链及拉围，方便穿脱衣及保暖。范例列举了拉链的表现。（见图4-44）

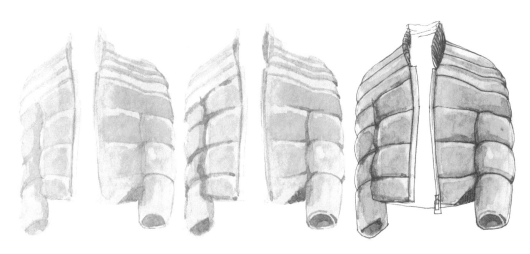

图 4-44　羽绒材质表现的步骤分解

4.2.3　服饰纹样的表现

　　服饰纹样建立于服饰三要素之一的色彩的基础上，利用装饰性图案对服饰进行进一步美化，以加强与烘托服饰的风格特征。服饰纹样的表现不宜满地平铺，应有主次地结合衣纹褶皱的结构起伏，在设计的重点区域及服装的结构转折区域进行适度刻画。应注重整体的画面效果，将纹样看作一种用于烘托的非主体重点，并采用直观还原与抽象概括两种方式交替地在服饰上述区域进行有组织的表现。所谓直观还原即尽可能描绘出图案的走向、纹理、细节特征与色彩。抽象概括重在提取与表现色彩与纹理的抽象化概念，是一种写意的观察与表现方式。常见的服饰纹样多以几何形、植物纹、动物纹为主。（见图 4-45）

1. 几何纹样

　　几何纹样以点线面为主要构成元素，以高度概括的几何形态作为纹样的构成要素。几何纹样是服饰纹样中适用风格最为普遍、运用得最多的纹样，常见的有条纹、格纹与波点。（见图 4-46）

图 4-45　纹样表现

图 4-46　条纹表现的步骤分解

1）条纹

条纹面料的绘制应紧密地与服饰衣纹的起伏相关联，在结构的阴影处要适当地弱化线条并加深色彩，并注意绘制时条纹的水平性。

2）格纹

格纹以透叠型格纹与不透叠覆盖格纹为主，此处列举透明格纹的表现，并附带干湿画法的格纹表现，湿画法格纹适用于法兰绒格纹衬衣与格纹毛呢。（见图 4-47、图 4-48）

图 4-47　格纹服饰的干画法

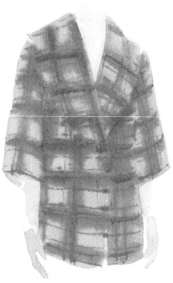

图 4-48　格纹服饰的湿画法

3）波点

波点常呈有规则的排列，其绘制方式与条纹类似，同样需要先将波点进行叠色加深。浅色或白色波点的绘制可使用留白胶。（见图 4-49）

图 4-49　波点材质表现的步骤分解（留白胶的运用）

2. 花卉纹样

花卉纹样以花卉作为主要题材元素，进行装饰化的写实式抽象表现。花卉纹样的运用很广，常规的除印染外，还有结合了装饰物堆积的立体花饰纹样表现及高体积的刺绣表现。花卉的种类选取主要以单个花头特征明显的如玫瑰、百合、郁金香为主。本节列举了大型花头的单独纹样及常见流行的卷草纹样与热带纹样。花头的外形完整性与花枝的蔓延走向是绘制的关键。

花卉图案的构成元素分为花头（最主要也最具属类特征的部分）、花叶和花枝。花头是组成花卉图案的基本元素，是主要的表现点。花枝是线状排列元素。花叶依花头与花枝的需要进行大小变化并用于点缀，是次要的表现点。（见图 4-50）

1）大型花头纹样

花卉纹样又以单独纹样为主，即没有明确的外框线限制并可单独化自由运用的装饰纹样，也称大型花头纹样，它是构成其他较复杂纹样结构的基本单位。绘制时应注重纹样作为服饰设计主体，要适当加强表现的精致性，但也要明确纹样终究是依附于服饰表面的烘托元素，不可与人物、服饰外廓形和款式特征一并对待处理，故在刻画时不宜用勾线笔整圈描绘，以免喧宾夺主。（见图 4-51）

图 4-50　花卉纹样效果图步骤分解　　　　　　　　图 4-51　大型花卉表现的步骤分解

2）卷草纹样

卷草纹样是一种极具复古情怀的风格化纹样，主要呈 S 形、涡形排列，花头相对来说面积较小，花枝与花叶边缘线富于变化，锯齿感强，造型饱满。绘制时要注意花枝与花叶这种 S 形起伏的连贯性。（见图 4-52）

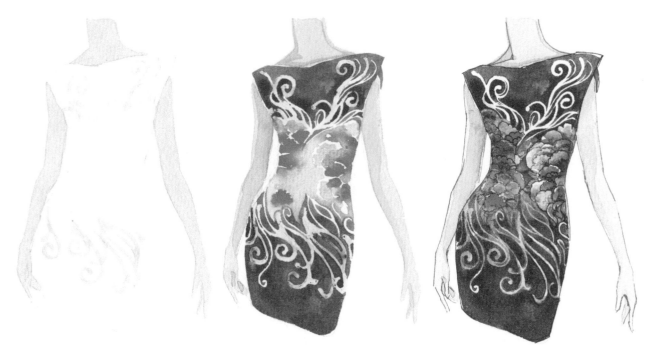

图 4-52　服饰卷草纹样表现的步骤分解

3）热带纹样

以热带植物及少量动物的抽象形式为主，棕榈、扶桑花、夏威夷竹、龟背竹是主要的纹样装饰形态，通常采用剪影、色彩层叠或渐变的形式进行大面积的运用。（见图 4-53）

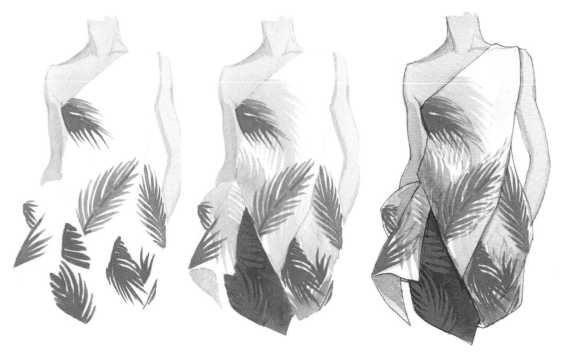

图 4-53　服饰热带纹样表现的步骤分解

4.3
服装效果图着色范例步骤详解

本节是本教程前期初、中阶段的内容总和，即对服饰及人物造型进行线条与色彩的整体化深入表现。本节结合近阶段流行趋势的案例与特征，进行了以套装、运动装和礼服为主的六个范例的步骤性详解，初学者可直接将此作为学习的主要模仿范本，或采用动态模板，结合具体款式进行训练与尝试，提高者则可依据步骤展开实践化的效果图创作。半身服装效果图如图 4-54 所示。

4.3.1　T 台秀场大外套步骤详解

绘制的主要步骤分为九个阶段，具体划分如下。

1. 勾画平面款式图（确定款式）

此步骤需要先在草图纸上按参考图片的相关信息，描绘出平面款式图。这个步骤的目的是在绘制的过程中明确服饰的款式细节、比例特征，为着装状态提供更为明确的指引，也称为"定款"步骤。

2. 选定具体动态（定动态）

依照款式的特征、设计要点的分布位置与服饰的整体风格，选取相应的动态，要明确动态是为突出服饰特征与风格服务的这一概念与要旨，服装效果图要运用那些常规型的具有优雅感与美感的站姿动态。这一步骤在草图纸上表现，应与正稿等大。

3. 确定人物妆容与发型

在步骤 2 的基础上，依服饰风格确定并用线稿的方式绘制出人物的面部细节与发型。此步骤依旧绘制于草图纸上。

4. 着装步骤

依据平面款式图，在 2、3 步基础上对服装人体进行着装处理。全部完成后明确主次线条并擦除辅助线。将线稿进行拷贝，并转印于正稿的水彩纸上，转印时线条要尽可能轻，以免划伤纸面，留下凹痕。（见图 4-55）

5. 底色平铺

先调出中间肤色和深肤色，大致完成人体部位的绘制，此时不要求过于深入；再进行服饰物的色彩底色平涂，与肤色一致，要预先留出反光与高光区域，服饰的反光程度要依据材质特征来绘制。

图 4-54　半身服装效果图

图 4-55　大外套步骤 1~4 步

6. 分出大体的阴影调

对服饰物进行影调式的二至三色阶块面划分，要注意结合材质进行干湿画法的灵活运用。

7. 深入刻画

对人体的头、面、手进行深入的造型刻画，其次是服饰结构、衣纹以及材质肌理的深入刻画。

8. 服饰细节调整

用勾线笔或小型圭笔进一步确定服饰的结构、细节特征和缝合工艺特征。还要明确地绘制出服饰边缘与肌肤层次的阴影区域。本步骤是服装效果图绘制的收尾阶段。（见图 4-56）

图 4-56　大外套步骤 5~8 步

9. 画面气氛渲染

如有需要，还要以湿画法为主要形式，针对服饰的主要用色与风格进行一定程度的画面氛围渲染，提升画面的视觉效果。此步骤为可选步骤，不一定每张效果图都要采用氛围渲染的方式。（见图 4-57）

图 4-57　大外套效果图完成稿

4.3.2　T台秀场套装步骤解析

T台秀场套装步骤解析如图4-58所示。

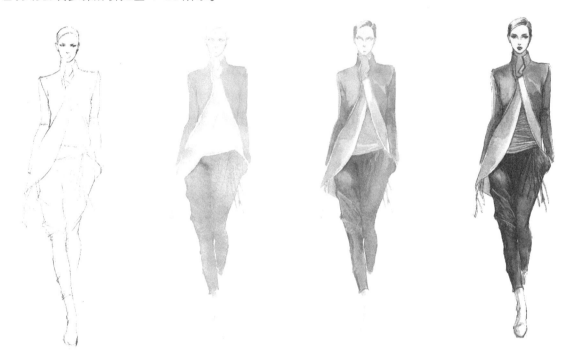

图4-58　套装效果图步骤分解

4.3.3　T台秀场运动装步骤解析

T台秀场运动装步骤解析如图4-59所示。

图4-59　运动装效果图步骤分解

4.3.4 T台秀场裙装步骤解析

T台秀场裙装步骤解析如图 4-60 所示。

图 4-60 连衣裙效果图步骤分解

4.3.5 T台秀场小礼服步骤解析

T台秀场小礼服步骤解析如图 4-61 所示。

图 4-61 小礼服效果图步骤分解

4.3.6　T台秀场高定礼服步骤解析

T台秀场高定礼服步骤解析如图4-62、图4-63所示。

图4-62　高定礼服效果图步骤分解一

图4-63　高定礼服效果图步骤分解二

4.4

服装效果图范例赏析

本节的主要内容为完成阶段的范例赏析，范例作品均从笔者平时课堂教学的随堂示范中选取，具有一定的时限性与针对性。时限性主要观察的重点在于不同时长下画面各层次的深入化程度；针对性指的是依据服饰风格、廓形、款式特征、面料材质及色彩图案几个设计要素的主次，来控制绘制的相应重点。在本节的范例中，无论是速写化的快速表现，或是多种材料的深入刻画，均有一定程度的展示。读者可进一步明确绘制步骤是如何在不同绘制表现形式中体现出来的，用以树立与培养属于自己的个性化风格，这也是本书的初衷。（见图4-64）

4.4.1　速写风格线性服装效果图

速写风格线性服装效果图是一种可以随手提笔而画的效果图表现方式，用线条的形态、速写化的表达进行服饰与人物的塑造，对线条运用的灵活性、准确性要求较高。线条的力度与虚实表达明确，具有较强的连贯性，多种细线条的疏密并列以及与粗线条的对比是其主要的表现特点。作为一个设计师或者绘画爱好者，应将之作为日常训练的主要途径。好的服装效果图作品往往是由千百张这样的线性效果图的训练积淀而成的。（见图4-65）

4.4.2　线面结合服装效果图

线面结合服装效果图以线条为主，结合水彩淡彩画法或铅笔、马克笔、炭笔、色粉笔等工具，对其影调进行块面化处理。既有线的明确性，同时又具备面的体块塑造力度。此处的例子（见图4-66）采用灰阶的线面结合手法，该手法也是常用的快捷设计表现方式。人物面部细节较之线条更为深入具体。

图4-64　纱料服装效果图　　　　图4-65　速写化服装效果图　　　　图4-66　线面结合服装画

4.4.3　弱化线条的服装效果图

线与面是画面结构与细节呈现的主要方式，两者相互依存，但有时过多的线条很容易使画面产生刻板感。弱化线条的处理常用于水彩服装画尤其是插画的表现，依靠色彩的三要素变化与笔触表达服饰款式与材质特征。弱化线条并非完全舍弃线条，而是将线条进行谨慎的分布，绘制表现的主体是色彩。弱化线条的表现方式是笔者个人最为喜欢的一种方式，但对技法与笔触的要求较高，适用于有一定基础的提高者进行技法层面的探究练习。（见图4-67）

4.4.4　写意性质的服装效果图

写意是与写实相对对立的一种绘画表现方式，写实注重更好地还原与模仿绘画物，写意则注重对绘画物的特征进行提取、高度概括与夸张，从而得到一种抽象的、注重情感与氛围的画面效果。服装效果图的写意风格主要应用于对多层纱质、皮草材质等外形线条多变、不确定的物的表现，并对人物面部、手部细节也进行相应的简化。写意是建立于写实基础上的

图4-67　弱化线条的服装效果图

高度化总结概括，需掌握完备的造型能力与娴熟的技法，是一种较高层次的服装效果图表述形式。写意化的表现也大量存在于时尚插画的主流风格中，常兼具极为个性化的绘画表现风格。（见图4-68）

4.4.5　大面积背景渲染的服装效果图

背景的渲染是为了更好地迎合服饰风格，从而形成一种强烈的画面艺术效果。大面积渲染主要用于半身化特写形式、效果图表现或多人物系列化服装效果图之中。（见图4-69）

图4-68　写意性质的服装效果图　　　　　图4-69　配以大面积背景渲染的服装效果图（弱化线条）

4.4.6 多种材料综合运用的服装效果图

每一种绘画材料都兼具优点与不足，十全十美的绘画材料并不存在于现实世界中。取长补短，围绕画面效果进行各种材料的选取，是这一手法的目的。多种材料的综合运用适用于深入刻画材质肌理等细节，需要绘制者能在了解与掌握各种材料特性的基础上，开展有针对性的熟练运用，是较高层次的表现手法。（见图 4-70）

图 4-70 综合材料运用的服装效果图（水彩、炭笔、彩色铅笔结合 Photoshop）

第五部分

系列化效果图表现

XILIEHUA XIAOGUOTU BIAOXIAN

系列化效果图如图 5-1 所示。

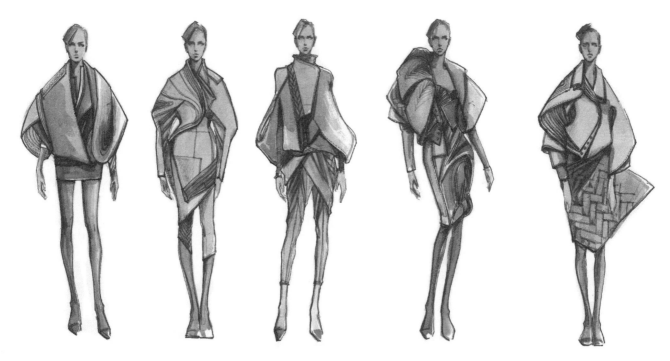

图 5-1 系列化效果图

基本内容及重难点

本部分是教程主要内容的最后一个知识板块，涉及以多个人物表现为主的系列化设计表现。系列化表现与设计是服装设计的重要组成部分，也是中高年级学生主要的设计练习对象。设计的对象已不再是单独化的个体服饰，而是以多人组合的系列化服饰表现为主。

本部分的主要构成内容为系列化服装效果图的目的与意义、多人体组合方式的构图原理与排列形式、系列化效果图的表现步骤与范例赏析。其中系列化效果图的表现步骤与范例赏析是基于一至四部分知识的灵活化组合运用。其中第二节为本部分的重难点，对比同类教程，本书列举了多人物构图的规律与排列形式，并在原理化的讲解之后，以动态模板为载体提供了模板化的拼合方式，便于系列化设计表达的动态排列构思。这种方式手法简单，效果直观，有利于初学者使用与借鉴。

表现形式

包含线稿草图、正稿线稿及上色步骤详解。

学习目标

理解系列化效果图的排列形式，熟悉与掌握系列化效果图的绘制步骤。（见图 5-2）

图 5-2 系列化效果图黑白线稿

5.1
系列化效果图的定义及用途

　　服装系列化效果图是设计方案得以传达的根本，需要学生在具备一定的效果图技法的基础上，依据设计方案进行个性化创作，是本教程高级阶段的学习内容。

5.1.1　系列化效果图的种类

　　系列化效果图一般以5~8套服饰为主，将单人效果图进行组合与排列而形成一种系列化方案的视觉呈现。对服饰细节及服饰间款式的过渡布局能力要求较高，并需在画面下角或另一页附有详尽的款式平面图以及文字化设计说明。也有2~3人为主的较小系列的服装设计方案。一般为横向画面构图，主要有手绘与板绘两种形式。多数情况下以手绘为主，将手绘稿扫描，再用软件进行图层拼合。

5.1.2　系列化效果图的用途

　　系列化效果图一般用于中高年级段开展的成衣设计、创意设计及毕业设计等课程，也普遍用于各项服装类设计大赛的参赛投稿阶段，因而具有非常重要的作用与意义。一定程度的手绘形式与构图的合理化，可提升设计的传达力度与画面效果，进一步提升设计方案的参赛入选可能。

5.2
多人体组合的表现方式

　　本节内容围绕如何更好、更合理地对人物进行画面的布局与排列，在明确规则与构成原理的同时，进一步提供了可借鉴的排列方式与拼合创意手法，并针对常用排列形式的优缺点进行说明，有助于读者的选择与借鉴。

5.2.1　构图原理

　　此处主要探讨的是服装人物的画面组合与构图原理，即两个或两个以上人物的排列规律。构图的规律是建立在画面的形式美基础上的，形式美即画面构成元素排列产生的和谐感。这一审美的愉悦感观有着一定建立于视觉心理学上的依据，主要的表现途径分为多样统一与同一均齐。多样统一是指动态与服饰特征的变化间，存在着某种直观或潜在的共性化呼应。同一均齐指服饰和人物动态比例相同、间距均等的构图形式，对比前者，均齐化人物排列适用于结构变化较多或款式、款型丰富的设计方案。

1. 双人体构图规律

并列式构图：服饰人体以相同或不同姿态，有一定距离地并列于纸面。此类排列说明指向性较强，但也易于产生人物画面构成呆板的不良效果。适用于概念化、设计创意感较强的服饰风貌表现。

对称式构图：人物动态呈镜面对称式排列，或正面相对，或背面相对。很容易产生较强的装饰性效果，适用于廓形近似但又存在细微结构差异的系列化服饰设计。

关联式构图：人物的动态特征有一定的变化，左右不一，但存在镜像旋转或反向等不同程度的呼应与关联，这一排列形式极具动态的美感与节奏性，适用于几乎绝大部分的服饰风格表现。

部分重叠的紧密式排列构图：左右两个人物的动态存在一定视觉上的重叠，如一侧人物的手部或躯干部部分地遮盖了另一侧的人物。这种排列形式整体感较强，但要依据设计中欲凸显的重点进行动态选取，适用于不对称设计方案的表现。（见图5-3）

2. 三人体构图规律

三人体构图的排列形式是多人体构图排列的基础，对比双人体构图富于变化且难度更高，有时也会产生较为强烈的透视形式，排列的具体形式在双人体基础上增加了疏密性要求。当采用重叠式排列时，应注意对服饰系列化中的主要重点款式进行强调。重叠排列中透视的前后关系也应相应加强，有的人物重叠紧密，有的人物排列间仅做部分重叠，个体动态更为展开。并列式构图中还存在大小依次变化的效果，也应依据款式的主次重点进行合理分配。同时人物的造型，尤其是配饰与妆容应保持一致，避免破坏系列化风格的一致性。（见图5-4）

图5-3　双人体服装效果图

图5-4　三人体的系列化效果图

3. 多个人体构图规律

双人体与三人体的组合可采用纵向的画面幅宽，但多人体构图常采用横向排列，否则无法较为全面地呈现设计方案的具体特征。多人体的排列尤其要注重系列化设计服饰的主次与款式廓形的大小、长短，最好将这一变化通过演绎式推进或对比的方式有目的性地进行分配。

演绎式推进是指由长至短或由简至繁地将设计款式的变化依次呈现，廓形的大小变化也是如此。这种排列能够连贯地说明设计构想的创变推移，适用于设计元素均衡化分布的设计方案。

对比是在主次款式明确的情况下，将过渡款式作为次要表现，以重点款式的差异化对比为主体并放置于排列

的中心与黄金分割线区域。此类排列主次感强，适用于既有过渡款，又有 2~3 个重点款式的系列化设计方案。（见图 5-5）

图 5-5　多人体系列化效果图

5.2.2　多人体组合的常见排列形式

将服饰人物看成点与点的排列形式，理解其构成的画面效果，是一种较为切实的简化方案。但系列化服饰表现中廓形变化较为丰富，因此这种手法并不适用于所有的位置构思阶段，后期还要进行款式变化的细节性考量。多个人物的具体选用形式，大体可分为均一、放大、散落与动态轨迹几大类。

1. 均一化排列

均一化排列是将人物按一定相等的距离进行排列布局，是一种最为常用也最为简单的排列形式。（见图 5-6）多出现于参赛稿件之中，适用于每一款式都具备设计元素变化的设计方案表现，依据变化分为不同动态组合与同动态组合。

1）不同动态组合

不同动态的均一排列中，动态的差异性较小，能够呈现出整体而又具有一定多样性的画面效果。

2）同动态组合

同动态组合，适用于廓形变化丰富或色彩纹样绚丽的设计方案表现，人物的面部应尽量简化，以突出服饰特征为主。

图 5-6　均一化排列

2. 放大化重点排列

放大化重点排列即在均一的基础上将设计的关键款式人物进行外形的放大，放大的位置应处于画面的两侧或黄金分割线区域，不宜居于画面中心，以免过于强调或过于装饰化。放大化表现，应注意其他服饰的比例一致、对比均一化，这样指向性更强，画面的视觉冲突也会更为明显。（见图5-7）

图5-7　放大化重点排列

3. 散落式无序排列

无序是相对于均一而言的，并非无意义的随意化散落。人物的大小可呈现出细微差异，人物之间的疏密存在一定的节奏性。此类排列适用于款式变化差异不太强烈的设计方案。如图5-8所示系列头饰、色彩、服饰上身领部造型及鞋子配饰相似度较高，为避免单调，采用了不均一的散落式无序排列。

图5-8　散落式无序排列

4. 动态轨迹排列

动态服饰人物具有一定的运动轨迹性，人物的一些部位会有所重叠，动态感较强。动态轨迹排列是一种富于美感且较为新颖的排列形式，适用于轻薄类服饰的表现，但对人体动态造型能力要求较高。（见图 5-9）

5.2.3　动态模板的组合排列法

动态模板的组合排列法是利用模板或人物动态模型对人物排列与具体动态进行预设，对比点状排列构成而言更为直观，非常有助于初级阶段读者的借鉴。（见图 5-10）

1. 模板化组合方式的定义

本书随附的相关动态模板，除用于单个人物的服装效果图动态参考外，也适用于系列化人物的动态组合与排列，直观化、易于上手操作是其主要特点。

2. 组合构成方式

将动态模板剪下，铺于一张较深的台面衬板上，进行具体的组合排列，并及时地利用相机将其拍下，最终要参考款式设计方案进行款型分配。一般来说，最好提前准备好 2~3 种排列形式，选择最为适用的进行初稿的绘制参考。

图 5-9　动态轨迹排列

图 5-10　利用动态模板拼合法绘制的系列化效果图

5.2.4　多人体组合构图的相关注意事项

始终明确动态及排列是为系列化服饰的款式特征、风格主题的表现服务的，动态的收放、人物的角度都应以此为选用的主旨。针对廓形面积的大小，要结合合理的疏密化布局加以一致性呼应。在日常中要多收集相关赛事稿件的排列形式，对过于泛化的排列形式要加以适当的规避。

5.3

多人体系列化效果图的表现步骤

系列化表现画幅较大，绘制时应注意服饰人物间的色彩明度、饱和度一致、妆容风格一致、绘制手法一致，用以更好地体现服饰连贯完整的系列化特征。

本节的主要内容分为步骤性简述与范例详解两大板块，适用于系列化服装效果图的流程指导。

5.3.1 绘制步骤详解

系列化表现绘制主体较多，绘制周期也相应较长。科学有序地进行步骤流程的简述，在一定程度上提升了作画的效率。此步骤流程是依据作者绘制习惯进行的可借鉴性总结，具有一定的经验性，并非唯一的绘制流程方式。

1. 明确系列化款式，画出平面款式图

用人台模板在绘图纸上画出比例大小一致的平面款式图，在正稿效果图完成之后，将平面款式图拷贝于正稿之上（或单独另附一纸），并进一步勾线明确。（见图 5-11）

图 5-11 平面款式图(步骤一)

2. 依据平面款式图的主次款式特点，安排人物的画面布局

依据款式设计的重点区域、款式间比例、廓形的大小面积、主次款式，按多人物排列的方式确定好动态分布及款式分配，并参考动态模板和着装步骤相关内容，进行线稿的确定。（见图 5-12）

3. 色彩群落的选取

依据设计方案及上述布局，进行色彩的排列。另取一张纸，用色点的方式进行色彩的预设，注意色彩安排的推移性、连贯性与款式之间对比撞色的具体位置。（见图 5-13）

4. 展开绘制

依据单个服装效果图上色的具体方式，将线稿小心地拷贝于画纸之上，并整体批量绘制。面部特征等细节在

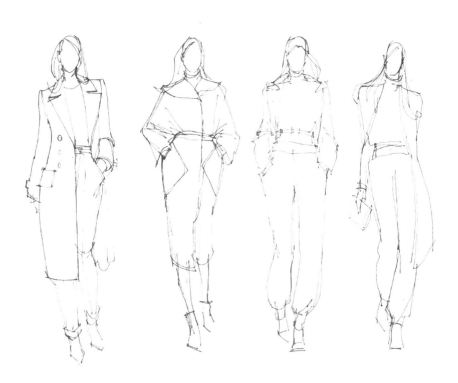

图 5-12　依款式安排人物布局绘制草图线稿(步骤二)

图 5-13　绘制色稿(步骤三)

系列化效果图中的区域很小，要适当进行简化，不应过于深入。（见图 5-14）

5. 依主题适当加入背景渲染

　　背景渲染不是必须的，要依据服饰主题风格以及画面效果的需要来确定是否加入。有时淡色的系列化设计，由于需要与纸面色彩进行区分，会采用一定程度的背景加入。设计元素风格化明显的方案，也会使用背景作为进一步烘托的手段。花色与图案过于华丽的系列往往会加入较为浓重的色彩进行衬托。有时大面积单色的背景会在计算机中进行进一步处理，但都是围绕着服饰物的表现进行取舍的。（见图 5-15）

图 5-14　展开绘制(步骤四)

图 5-15　绘制背景(步骤五)

6. 系列化效果图的调整与深入

　　调整指保持各个款式的绘制层次、技法一致，并在适当区域一定程度地柔化服饰与背景的边缘，用以更好地突出画面设计主体。深入是指进一步刻画，与单个服装效果图的深入阶段一样。（见图 5-16）

图 5-16　系列化效果图的调整与深入（步骤六）

5.3.2　多种流行风格的范例步骤解析

关于系列化效果图的绘制步骤，相关同类书籍中并未进行过多的解释，但事实上系列化设计是服装设计教学中最为常用的表述方式，有许多学生会依赖板绘软件进行绘制，在千百张赛事投稿中，板绘作品往往千人一面，很难在视觉效果上脱颖而出。因此加强日常的系列化手绘练习，用手绘可松可紧、张弛有度的方式表述设计方案，具有一定的现实意义。

本知识节点参考了一些近年来流行趋势中的主流风格，将作为范例的素材的款式进行了一定程度上的变化与调整，并采用了一部分日常教学示范的款式范例，将其综合分为四大类风格系列化作品，并用效果图步骤画的形式予以呈现。手绘或软件绘制都不是绘画的唯一途径，将两者结合起来，这种态度更为折衷。

1. 复古主题风格系列化表现

首先要大致明确风格的概念与构成。服饰的风格即服饰风格化的体现，指在一个时间段内对服装流行特征与创意灵感进行整合分析从而归纳出具有同质化倾向的一类服饰。风格化往往由许多的具体主题构成，服饰的风格化研究会涉及服饰美学、服装史与流行学，对其根源和产生的分析还会应用到服饰社会心理学与哲学范畴。但主题化的研究相比则较为表象，更多地涉及具体设计灵感及设计构成元素的运用。

以复古风格为例，复古风格是 21 世纪以来一直都受到设计师关注的一种风格流派，其服饰特征往往投射出服饰发展长河中某一点或某一区域时段所表现的衣生活状态。在复古风格中常存在无数的主题化细分，我们可以将风格看作大树的主要枝干，而主题则是构成树冠部位的无数枝桠。洛可可、古典式、巴洛克、拜占庭、哥特式、维多利亚式等均属于复古化风格中的子类主题。

复古风格的服饰，多注重装饰的华丽与材质的轻盈，系列化表现时应注重整体的氛围把握，对装饰物进行有选择的适当深入，不可刻画得面面俱到，以免影响整体效果。

步骤解析：

画出草图及正稿线稿部分。（见图 5-17、图 5-18）

图 5-17　复古风格系列化设计草图

图 5-18　复古风格系列化效果图线稿

正稿铺色及最终调整。（见图 5-19、图 5-20）

图 5-19　复古风格系列化效果图的初步着色

图 5-20　复古风格系列化效果图完成稿

2. 大廓形风格系列化表现

服饰大廓形设计是近年来的热点，许多的参赛投稿作品均以此为服饰的设计中心。这种现象是否也在预示着这一风格已经处于流行的更迭期我们尚不明确，但大廓形设计作为一种设计手法，必将在未来存在一个较长时期的发展、改良和派生。

近阶段的大廓形设计，以廓形外观的完整性与服饰结构的渐变式层叠推移为主。完整性即外形饱满的同时，用异质材料在线条视觉的实与虚上进行完善化设计，丰富了前阶段过于厚重的单纯化实线表述。渐变式层叠堆积是指将服饰结构的某个组成部分，做大中小或长中短的层次化并置。如袖子，在过肩瓦片袖基础上加入中袖、七分袖和喇叭袖。建立于非实用性机能上的完全装饰性的堆积，用以将廓形内部进行结构线和分割线的多重精致化表达。以上是近期廓形设计的主要特点。

大廓形风格的效果图表现，要格外关注于上述层叠结构的体积感与层次感表现，人物造型、妆容细节不宜表现得过于深入，此类设计中服饰物才是绘制的重点。（见图 5-21 至图 5-24）

图 5-21　大廓形风格系列化效果图草图

图 5-22　大廓形风格系列化效果图线稿

图 5-23　大廓形风格系列化效果图的初步着色

图 5-24　大廓形风格系列化效果图完成稿

3. 未来主义风格系列化表现

未来主义风格是一种起源于 20 世纪 60 年代的服饰风格。之后这种风格一直处于流行的边缘地带，近阶段未来主义风格结合了仿生肌理与高定元素，又一次开始兴起。与以往不同的是不对称设计的大量融合，在基本廓形特征的基础上加入了大量的高反光装饰与大面积烫金。（见图 5-25 至图 5-28）

图 5-25　未来主义风格系列化效果图草图

图 5-26　未来主义风格系列化效果图线稿

图 5-27　未来主义风格系列化效果图的初步着色

图 5-28　未来主义风格系列化效果图完成稿

4. 解构主义风格系列化表现

解构主义建立于法国哲学家雅克·德里达思想的基础上，即将常规物进行分解、破坏、复制、重构，产生既有固有物的影子、又富于创新与变化的新形态。其服饰特征充满破碎、未完成的不确定感。解构主义风格是一种设计创意较强的概念化服饰设计理念，其代表人物为马丁·马吉拉。此类服饰重在保存制作时的相关痕迹，毛边线条与辅助线条成为了服饰设计元素的一部分。在解构主义服饰的效果图中，人物面部特征应尽可能中性化，不宜过于女性化。此类服饰的意义性、创意度往往大于实用性，其重思考、重形式的特征，应配以疏朗的动态。（见图5-29至图5-32)

图 5-29　解构主义风格系列化效果图草图

图 5-30　解构主义风格系列化效果图线稿

图 5-31　解构主义风格系列化效果图的初步着色

图 5-32　解构主义风格系列化效果图完成稿

5.4
系列化效果图范例赏析

本节以笔者日常习作练习为主，包含了两人、三人、多人的服装效果图。采用写实为主、写意为辅的方式，以水彩为主要绘制工具进行创作。目的在于使读者明确主要绘制重点的深入形式与主次的取舍。初学者似乎很容易在画面刻画过程中忘记主次关系，极力表现出几乎所有的可视部位，想做到面面俱到，但画面的对比往往不支撑上述的方式，画面效果会呈现出呆板僵化、匠气十足等不足。对于松与紧、收与放的把握是初学者要格外关注的，笔者个人的建议是宁可画得松一些，后期再做重点式收紧，也不要在初学阶段就过多地沉迷于细节。

5.4.1 双人组合服装效果图

双人组合服装效果图如图 5-33、图 5-34 所示。

图 5-33 实用装双人服装效果图

图 5-34 以皮草为设计元素的双人服装效果图

5.4.2 三人组合服装效果图

三人组合服装效果图如图 5-35、图 5-36 所示。

图 5-35　实用装三人服装效果图

图 5-36　礼服主题三人服装效果图

5.4.3 多人组合服装效果图

多人组合服装效果图如图 5-37、图 5-38 所示。

图 5-37　以条纹与图案为设计元素的系列化服装效果图

图 5-38　以面料渲染为设计元素的系列化服装效果图

[1] 孙韬，叶南.解构人体——艺术人体解剖[M].北京：人民美术出版社，2008.

[2] 李当岐.服装学概论[M].北京：高等教育出版社，1998.

参考
文献

FUZHUANGHUA JIFA JIAOCHENG